U0152602

模糊系统和 ANFIS 的改进及其在空间光学中的应用

武星星　刘金国　著

科学出版社

北京

内 容 简 介

本书比较系统地阐述了模糊系统和自适应模糊神经推理系统(ANFIS)的改进、在嵌入式系统中的实现,及其在空间光学中的应用等领域的研究成果。内容包括:模糊系统、ANFIS 和 DSP 技术的发展和应用,模糊系统和 ANFIS 的基本理论,基于改进型模糊聚类的模糊系统建模方法研究,混合输入型模糊系统及其应用,ANFIS 的改进和应用研究,模糊系统和 ANFIS 在 DSP 上的实现和优化,以及模糊系统和 ANFIS 在空间光学中的应用等。

本书可供从事模糊系统、神经网络、嵌入式系统、空间光学等领域研究的科技人员以及计算机、空间光学、信息科学、控制等专业的高年级本科生和研究生参考。

图书在版编目(CIP)数据

模糊系统和 ANFIS 的改进及其在空间光学中的应用/武星星,刘金国著. —北京:科学出版社,2012
ISBN 978-7-03-034780-0

Ⅰ.①模… Ⅱ.①武…②刘… Ⅲ.①模糊系统 Ⅳ.①N94

中国版本图书馆 CIP 数据核字(2012)第 126119 号

责任编辑:刘宝莉 张海娜 / 责任校对:邹慧卿
责任印制:张 倩 / 封面设计:陈 敬

科 学 出 版 社 出版
北京东黄城根北街 16 号
邮政编码:100717
http://www.sciencep.com
中国科学院印刷厂印刷
科学出版社发行 各地新华书店经销
*
2012 年 6 月第 一 版 开本:B5(720×1000)
2012 年 6 月第一次印刷 印张:11 彩插:4
字数:209 000
定价:60.00 元
(如有印装质量问题,我社负责调换)

前　言

　　目前在解决非线性问题上效果比较好的方法有神经网络、模糊系统和模糊神经网络等。和神经网络相比,模糊系统的优点是可以融入专家经验,而自适应模糊神经推理系统(adaptive neuro-fuzzy inference system,ANFIS)利用神经网络的学习机制和自适应能力对模糊系统进行建模,对于缺乏或难以获取定性的知识和经验的复杂系统有着独到的优势。本书大部分内容是作者近年来在模糊系统和自适应模糊神经推理系统的改进、在嵌入式系统中的实现,及其在空间光学中的应用等领域的研究成果的总结。

　　本书共分为 7 章。第 1 章介绍了模糊系统、ANFIS 和数字信号处理器(digital signal processor,DSP)技术的发展和应用。第 2 章简要介绍了模糊系统、ANFIS 和模糊聚类的基本理论。第 3 章在深入研究模糊 C 均值聚类和减法聚类算法的基础上,结合二者提出一种改进的模糊聚类算法。通过对 IRIS 标准数据聚类实验来验证改进后聚类算法的性能。并结合改进后的聚类方法和信任区域法,提出一种新型的模糊系统建模方法,通过聚类-曲线拟合的方式实现模糊系统输入、输出空间的划分和隶属度函数参数确定。将之应用于水箱水位控制来验证该方法的性能。第 4 章探讨一种可以同时输入模糊语言真值和精确量的新型模糊系统——混合输入型模糊系统的建立方法,研究在 MATLAB 中如何利用图形用户界面开发环境(graphics user interface development environment,GUIDE)设计混合输入型模糊系统所需的图形用户界面(graphics user interface,GUI),以及如何利用已有的 Mamdani 型模糊系统函数来构建混合输入型模糊系统。通过小费计算系统的应用实例说明,混合输入型模糊系统可以通过牺牲少许精度换来系统效率的大幅提高。第 5 章分析了自适应模糊神经推理系统训练算法特点和各种 BP 算法改进形式性能,结合 Fletcher-Reeves update 共轭梯度法和比例共轭梯度法提出了两种 ANFIS 改进算法,着重论述了算法的改进原理和程序实现。并将这两种改进算法和标准 ANFIS 算法分别应用于混沌时间序列预报和逼近非线性函数,来比较三种算法的性能。第 6 章提出了一种便捷的模糊系统在 DSP 上的实现方法,讨论了 ANFIS 在 DSP 上的实现方法。以最快执行速度为目标,综合运用 CCS 优化器、预处理指令等多种方法针对程序和硬件的特点对代码进行了优化,并给出了计算小费的模糊系统在 DSP 上的移植和优化实例。第 7 章介绍了模糊系统和 ANFIS 在空间光学等领域的应用。重点介绍了如何利用 ANFIS 的非线性映射能力,逼近像质、像面位置和环境温度之间的复杂非线性关系,实现空间相机最佳焦面位置的预测。并将模糊 C 均值聚类算法应用于遥感图像的分割,给出了模糊 C 均值聚类算法灰度图像分割和彩色图像分割 MATLAB 源代码。本书是在武星星的博士学位论文(2007 年 4 月提交)的基础上修改、补充和完善而成,第 1~6 章由武星星完成,第 7 章由刘金国完成。

    本书的一大特点是实用性强,除了介绍理论外,详细阐述了算法在 MATLAB 或嵌入式系统中的具体实现方法,并给出部分源程序和实验所用数据来源,使读者的可操作性强。

    感谢在百忙之中对本书进行审阅并提出宝贵意见的各位专家。本书在写作过程中参考了大量国内外学者的相关研究成果,在此对他们表示感谢。本书的出版得到中国科学院长春光学精密机械与物理研究所各级领导、各位总工程师和科研三处等的大力支持,在此对他们表示感谢。朱喜林教授和郝志航研究员对本书的写作给予了很多指导性的建议,在此向他们表示感谢和敬意。

    由于作者水平有限,书中难免存在不当之处,敬请各位读者批评指正。

目　　录

第 1 章　模糊系统、ANFIS 和 DSP 技术的发展和应用

1.1　模糊系统的发展和应用

在德国人 Cantor 创立的经典集合论中，元素和集合之间是属于或不属于的绝对关系，无法表达人类思维中"长"、"短"、"胖"、"瘦"等模糊概念。1965 年美国系统工程专家 Zadeh 教授在其论文 *Fuzzy sets* 中提出用隶属函数来描述人类认知中的模糊概念[1]，标志着模糊数学的诞生。模糊概念可以利用隶属函数在计算机中得到有效表达，从而使计算机能模仿人类处理复杂、非线性和不确定性问题时的推理决策能力，解决传统方法无法解决的问题。

1974 年，英国学者 Mamdani 首次把模糊集合理论用于锅炉和蒸汽机的控制，并取得了较好的控制效果[2]，英国学者 King 和丹麦学者 Ostergoarel 等分别将模糊控制器成功用于反应炉的控制和双入双出的热交换过程的控制[3]。模糊控制在实际工程中的成功应用带动模糊理论相关研究的迅速开展。我国学者较早地开展模糊数学理论的研究，并成立了自己的模糊数学与模糊系统学会[4]。1984年，模糊信息处理国际会议在夏威夷召开，并成立了国际模糊系统协会。日本在模糊控制技术应用上发展得很快，1987 年 7 月，日本工程界将模糊逻辑用于控制仙台市地铁系统后[5]，模糊技术在日本得到广泛应用，许多工业生产控制设备和洗衣机、照相机、空调、吸尘器等家用电器都应用了模糊技术，给日本创造了显著的经济效益。1993 年，美国电气和电子工程师协会(Institute of Electrical and Electronics Engineers，IEEE)神经网络协会的刊物 *IEEE Transactions on Fuzzy System* 创刊，模糊系统理论开始发展成为一个独立学科。之后越来越多的学者和工程师投入到模糊系统理论和应用的研究中。我国与国际在模糊数学方面的差距不大，然而在模糊系统的设计与分析及其在实际工程中的应用等方面，和美日相比还有较大差距。

目前每年仅 EI 收录的模糊系统理论及其应用研究的论文都有六七千篇,研究内容涉及模糊基本理论、模糊控制、模糊聚类、模糊状态方程与稳定性分析、模糊数据挖掘、模糊系统建模和模糊系统硬件实现方法等。目前模糊系统的理论仍不成熟,影响其在实际中的应用。主要表现在隶属度函数类型和参数的选取主要依靠经验、现有模糊系统的适用范围有限、缺乏在通用硬件平台中的实现方法、模糊控制系统的稳定性有待提高等。

模糊技术、神经网络技术和混沌理论被誉为人工智能的三大支柱,将成为推动下一代工业自动化发展的核心技术。将模糊系统和智能领域的其他新技术如神经网络、遗传算法、混沌理论等相结合,开展更深层次的应用,正成为当前研究的热点之一[6]。

1.2　模糊系统和神经网络结合技术的发展和应用

1943 年,心理学家 McCulloch 和数学家 Pitts 在研究生物神经元的基础上提出了一种简单的神经元模型,即 M-P 模型[7],标志着人工神经网络研究的兴起。1949 年,Hebb 提出了一个突触联系可变假设,用于调整神经网络的连接权值,至今多数神经网络仍采用 Hebb 学习规则。1957 年,Rosenblott 提出的感知器(perceptron),是第一个真正意义上的人工神经网络,它具备了学习、分布式存储等神经网络的一些基本特性,能学习把一个给定的输入联想到随机的输出上。1960 年,斯坦福大学的 Widrow 和 Hoff 对感知器模型进行改进,提出了自适应线性元件,提高了网络的训练速度和精度,并成功应用于自适应信号处理。人工智能著名学者 Minsky 和 Parpcrt 在 1969 年发表的著作《感知器》中深入分析了单层感知器只能解决输入线性可分问题的局限性,并指出了构造多层网络的困难,此后神经网络的研究陷入低潮。

进入 20 世纪 80 年代,神经网络的研究出现了一系列突破性的进展。Hopfield 于 1982 年和 1984 年先后发表两篇重要论文[8,9]提出了离散和连续Hopfield 模型,引入了网络能量函数的概念,给出了网络稳定性判据。1985 年,美国加州大学的并行分布处理(parallel distributed processing,PDP)研究小组的Hinton 等在 Hopfield 网络的基础上提出了 Boltzmann 机。1986 年,PDP 研究小组的 Rumelhart 等提出了适用于多层网络学习的误差反向传播(back propaga-tion,BP)算法,成为目前应用最广泛的神经网络训练算法。1987 年,在美国圣地亚哥召开了第一届世界神经网络会议,随后国际神经网络学会杂志《神经网络》和 IEEE 的神经网络杂志相继创刊,此后神经网络成为各国学者研究的热点。目前每年仅 EI 收录的神经网络研究的论文就有上万篇,由于神经网络具有非线性逼近能力、自学习能力和大规模自适应并行处理等优点,从而在模式识别、复杂控制、信号处理、联想记忆、故障诊断、目标预测等许多领域获得了日益广泛的应用[10~14]。

　　模糊逻辑模仿人类思维的模糊性,能利用人类积累的知识解决单凭常规数学无法解决的问题,同时使社会科学能够充分利用计算机这一工具,为自然科学和社会科学的交叉提供媒介,促进软科学的发展。神经网络在模拟大脑生理结构的基础上,模拟人类的自学习、自组织能力,使得机器能以学习的方式获取新的知识,解决新的问题[15]。模糊逻辑和神经网络的比较如表 1.1 所示[16,17]。

表 1.1　模糊逻辑和神经网络的比较

方　　面	神经网络	模糊逻辑
基本组成	神经元	模糊规则
知识获取	样本、算法实例	专家知识、模糊推理
知识表示	分布式表示	隶属度函数
推理机制	学习函数的自控制、并行计算、速度快	模糊规则的组合、启发式搜索、速度慢
推理操作	神经元的叠加	隶属函数的最大-最小运算
自然语言	实现不明确、灵活性低	实现明确、灵活性高
自适应性	通过调整权值学习、容错性高	归纳学习、容错性低
优点	具有自学习、自组织能力	可利用专家的经验
缺点	黑箱模型、难于表达知识	难于学习、推理过程模糊性增加

　　神经网络和模糊逻辑系统都具有非线性映射能力,已为 Kosko 等学者所证明[18,19],因而都可以用来解决常规方法难以解决的非线性问题。如果将神经网络和模糊逻辑相结合,则可以充分发挥两者的优点,避免其不足。神经网络和模糊逻辑的结合类似计算机硬件和软件的结合,使机器能更加真实地模仿人脑的功能[20]。1990 年,Takagi 在模糊逻辑与神经网络国际会议上论述了神经网络和模糊逻辑的结合[21]。

　　模糊系统和神经网络的结合方式可以分为三类:引入模糊运算的神经网络、

用模糊逻辑增强网络功能的神经网络和基于神经网络的模糊系统。引入模糊运算的神经网络在传统神经网络中加入模糊神经元或模糊化网络参数等模糊成分。Carpenter 等(1991 年)提出了模糊自适应共振理论模型(fuzzy adaptive resonance theory),用模糊集进行极大、极小操作,较好地解决了模糊信息存储、记忆的问题[22]。Pal 等(1992 年)提出了具有模糊分类功能的模糊多层感知器,通过引入模糊神经元进行模糊化[23]。Jou 等(1992 年)仿照 CMAC(cerebella model articula-tion controller)的五层结构,通过引入模糊神经元和权值模糊化构造了模糊小脑模型神经网络(fuzzy cerebella model articulation controller,FCMAC),提高了CMAC 的泛化能力[24]。Pedrcy 等(1993 年)在研究模糊逻辑与神经网络融合时的逻辑操作的过程中引入聚合神经元(aggregation neurons)和指示神经元(refer-ential neurons)[25]。Simpson(1992 年)提出了模糊极小-极大神经网络,将超盒模糊集累积形成模式类[26]。王岭等(1998 年)提出了一种模糊子波神经网络(fuzzy wavelet neural network,FWNN),用于数据的区间估计[27]。张志华等(2000 年)通过把对向传播(counter propagation,CP)神经网络竞争层神经元的输出函数定义为模糊隶属度函数,提出了模糊对向传播(FCP)神经网络[28]。

　　基于神经网络的模糊系统,即神经模糊系统(neural-fuzzy systems,NFS)[29]。它利用神经网络算法对神经模糊系统的参数进行调整,可以从训练样本中提取模糊规则,实现所谓数据驱动,给出了一种在先验知识不足的情况下模糊规则库的构建方法,同时提高了系统的自适应能力。最具代表性的神经模糊系统为 Jang(1992 年)提出的自适应模糊神经推理系统(ANFIS)[30],由于便于实现且效果好,被收入了 MATLAB 的模糊逻辑工具箱,并在非线性系统建模与预报等多个领域得到成功应用。此外,Takagi 等(1991 年)提出神经网络驱动的模糊推理系统[31],Kosko(1992 年)在其专著中提出的模糊联想记忆(fuzzy associative memory)[32]都属于神经模糊系统,Berenji、Nauck、Sulzberger 和邢松寅等也提出了不同种类的神经模糊系统[33~36]。

　　用模糊逻辑增强的神经网络用模糊系统增强神经网络的学习能力,解决传统神经网络容易陷入局部极小值的问题[37]。它利用专家知识和规则来调整参数,从而加快神经网络的收敛速度。模糊理论和神经网络的结合技术还在不断地深入发展,将在各个领域获得日益广泛的应用。

1.3　DSP 的发展和应用

DSP 是目前各种电子设备中完成数字信号处理的核心单元。早期数字信号处理的工作由微处理器(micro process unit,MPU)来完成,但 MPU 主要作为控制器使用,并非专门为数字信号处理而设计,难以满足高速实时的要求。20 世纪 70 年代 DSP 的理论和算法出现,那时的 DSP 主要停留在理论上,研制出来的 DSP 系统由分立元件组成,体积庞大且价格高昂,仅应用在军事部门和实验室中[38]。1978 年,美国微系统公司(American Microsystems Incorporated,AMI)发布了首枚专门为数字信号处理设计的芯片 S2811。1982 年,美国德州仪器(Texas Instrument,TI)公司推出了采用微米工艺 N 型金属氧化物半导体(N mental oxide semiconductor,NMOS)技术制作的 TMS320C10,它采用哈佛(harvard)结构,带有一个硬件乘法器和累加器,是一个 16bit 的定点 DSP,主要应用在军事领域。

1984 年,AT&T 公司推出了高性能的浮点 DSP 芯片 DSP32。1987 年,TI 公司推出的 TMS320C20 有专门的地址寄存器,寻址空间达到 64KB,增加了单指令循环的硬件支持。1986 年,Motorola 公司推出的 MC56001 采用可以循环寻址的地址寄存器,带保护位累加器,数据和指令都为 24bit,单次乘加运算仅耗时 75ns。在 20 世纪 90 年代,DSP 的速度进一步提高,应用范围也不断扩大。这一时期的代表产品有 TI 公司的 TMS320C40 系列和 TMS320C54 系列、AD 的 ADSP2100 系列等产品。

进入 21 世纪后,DSP 的设计技术也有很大飞跃,产品的性能也有了显著的提升,DSP 芯片将 DSP 芯核和外围器件集成在单一芯片上,系统的集成度更高。各公司针对不同的应用研制出定点、浮点、通用和专用等各种 DSP。如 TI 公司针对手机等便携式设备的应用,研制出的 TMS320C55 系列,为对功耗有苛刻要求的产品提供了一种很好的解决方案[39]。2011 年,TI 公司最新推出的多核 DSP TMS320C6678 将 8 个 1.25GHz 的 DSP 内核集成在单个器件上,可以实现 320GMAC 和 160GFLOP 定点和浮点性能。

随着科技的发展,DSP 器件价格显著下降,而计算和控制能力不断提升,单位运算量的功耗不断降低,从而使其在通信、工业控制、航空航天、精密仪器和家用电器等各个领域中得到了广泛应用,尤其适合在要求信号高速实时处理的嵌入式系统中使用。例如,付莹贞等提出了一种基于 DSP 的 DGPS 导航定位系统,可以实现更高精度的定位[40]。张燕等利用双 DSP 实现卫星自主导航器,提高卫星自主导航系统的实时计算能力[41]。代少升等以高性能 DSP TMS320C6201 为核心处理单元,以现场可编程门阵列(field programmable gate array,FPGA)为主要控制单元,成功研制了红外实时成像系统[42]。郑晓峰等设计了一种基于 DSP 和 FP-GA 的多轴运动控制器,是一种较好的数控平台[43]。DSP 已被成功应用于空间相机的相机控制器,完成像移计算、采集图像对时信息、控制成像单元和调焦单元等复杂任务[44]。DSP 未来的发展趋势为通过并行提高 DSP 芯片性能、存储器架构变化和片上系统(system on chip,SoC)等[45]。

第 2 章　模糊系统和 ANFIS 的基本理论

2.1　模糊逻辑基础

2.1.1　模糊集合

在集合论中,内涵是集合的定义,外延是集合中的全体元素。模糊集合和经典集合的主要区别在于,19 世纪末德国数学家 Contor 创立的经典集合论中,集合的外延是明确的,而 1965 年 Zadeh 教授提出模糊集合的外延并不明确。模糊集合的提出主要是为了解决经典集合无法描述的人类思维中的模糊概念,诸如"高"、"矮"、"胖"、"瘦"等。模糊集合的定义如下[46]:

给定论域 U,U 到[0,1]闭区间的任一映射 $\mu_{\underset{\sim}{A}}$

$$\mu_{\underset{\sim}{A}} : U \rightarrow [0,1]$$
$$u \rightarrow \mu_{\underset{\sim}{A}}(u) \tag{2.1}$$

确定了 U 的一个模糊子集 $\underset{\sim}{A}$,$\mu_{\underset{\sim}{A}}$ 称为模糊子集的隶属函数,$\mu_{\underset{\sim}{A}}(u)$ 称为 u 对于 $\underset{\sim}{A}$ 的隶属度,反映了 u 对模糊子集 $\underset{\sim}{A}$ 的从属程度。经典集合可以看作模糊集合的特例,当 $\mu_{\underset{\sim}{A}}(u)$ 的值域为{0,1}时,$\underset{\sim}{A}$ 即为经典集合。

当 U 为有限集时,模糊集合的表达方式通常有如下三种:

1) Zadeh 表示法

$$\underset{\sim}{A} = \sum_{i=1}^{n} \frac{\mu_{\underset{\sim}{A}}(u_i)}{u_i} \tag{2.2}$$

其中,$\dfrac{\mu_{\underset{\sim}{A}}(u_i)}{u_i}$ 表示论域中元素 u_i 与其隶属度 $\mu_{\underset{\sim}{A}}(u_i)$ 之间的对应关系而非分数。

2) 序偶表示法

将论域中的元素 u_i 与其隶属度 $\mu_{\underset{\sim}{A}}(u_i)$ 构成序偶来表示 $\underset{\sim}{A}$

$$\underset{\sim}{A} = \{(u_1, \mu_{\underset{\sim}{A}}(u_1)), (u_2, \mu_{\underset{\sim}{A}}(u_2)), \cdots, (u_n, \mu_{\underset{\sim}{A}}(u_n))\} \tag{2.3}$$

3) 向量表示法

$$\underset{\sim}{A} = (\mu_{\underset{\sim}{A}}(u_1), \mu_{\underset{\sim}{A}}(u_2), \cdots, \mu_{\underset{\sim}{A}}(u_n)) \tag{2.4}$$

当 U 为连续域时,表达方式如下:

1) Zadeh 表示法

$$\underset{\sim}{A} = \int_U \frac{\mu_{\underset{\sim}{A}}(u)}{u} \tag{2.5}$$

2) 给出具体的隶属函数解析式

2.1.2　模糊集合运算的基本性质

1) 最大最小模糊集的存在性

$$\varnothing \subseteq \underset{\sim}{A} \subseteq U$$

2) 自反性

$$\underset{\sim}{A} \subseteq \underset{\sim}{A}$$

3) 对称性

$$\underset{\sim}{A} \subseteq \underset{\sim}{B}, \quad \underset{\sim}{B} \subseteq \underset{\sim}{A}, \quad 则 \underset{\sim}{A} = \underset{\sim}{B}$$

4) 传递性

$$\underset{\sim}{A} \subseteq \underset{\sim}{B}, \quad \underset{\sim}{B} \subseteq \underset{\sim}{C}, \quad 则 \underset{\sim}{A} \subseteq \underset{\sim}{C}$$

5) 幂等律

$$\underset{\sim}{A} \cup \underset{\sim}{A} = \underset{\sim}{A}, \quad \underset{\sim}{A} \cap \underset{\sim}{A} = \underset{\sim}{A}$$

6) 吸收律

$$\underset{\sim}{A} \cup (\underset{\sim}{A} \cap \underset{\sim}{B}) = \underset{\sim}{A}, \quad \underset{\sim}{A} \cap (\underset{\sim}{A} \cup \underset{\sim}{B}) = \underset{\sim}{A}$$

7）交换律

$$\underset{\sim}{A} \cup \underset{\sim}{B} = \underset{\sim}{B} \cup \underset{\sim}{A}, \quad \underset{\sim}{A} \cap \underset{\sim}{B} = \underset{\sim}{B} \cap \underset{\sim}{A}$$

8）分配律

$$\underset{\sim}{A} \cup (\underset{\sim}{B} \cap \underset{\sim}{C}) = (\underset{\sim}{A} \cup \underset{\sim}{B}) \cap (\underset{\sim}{A} \cup \underset{\sim}{C})$$
$$\underset{\sim}{A} \cap (\underset{\sim}{B} \cup \underset{\sim}{C}) = (\underset{\sim}{A} \cap \underset{\sim}{B}) \cup (\underset{\sim}{A} \cap \underset{\sim}{C})$$

9）结合律

$$(\underset{\sim}{A} \cup \underset{\sim}{B}) \cup \underset{\sim}{C} = \underset{\sim}{A} \cup (\underset{\sim}{B} \cup \underset{\sim}{C})$$
$$(\underset{\sim}{A} \cap \underset{\sim}{B}) \cap \underset{\sim}{C} = \underset{\sim}{A} \cap (\underset{\sim}{B} \cap \underset{\sim}{C})$$

10）同一律

$$\underset{\sim}{A} \cup \varnothing = \underset{\sim}{A}, \quad \underset{\sim}{A} \cup U = U, \quad \underset{\sim}{A} \cap \varnothing = \varnothing, \quad \underset{\sim}{A} \cap U = \underset{\sim}{A}$$

11）复原律

$$(\underset{\sim}{A}^c)^c = \underset{\sim}{A}$$

12）对偶律

$$(\underset{\sim}{A} \cup \underset{\sim}{B})^c = \underset{\sim}{A}^c \cap \underset{\sim}{B}^c, \quad (A \cap B)^c = A^c \cup B^c$$

与经典集合不同，模糊集合不满足互补律，而并集、交集和补集的隶属度的计算方法为

$$\mu_{\underset{\sim}{A} \cup \underset{\sim}{B}}(u) = \max(\mu_{\underset{\sim}{A}}(u), \mu_{\underset{\sim}{B}}(u)) = \mu_{\underset{\sim}{A}}(u) \vee \mu_{\underset{\sim}{B}}(u) \tag{2.6}$$

$$\mu_{\underset{\sim}{A} \cap \underset{\sim}{B}}(u) = \min(\mu_{\underset{\sim}{A}}(u), \mu_{\underset{\sim}{B}}(u)) = \mu_{\underset{\sim}{A}}(u) \wedge \mu_{\underset{\sim}{B}}(u) \tag{2.7}$$

$$\mu_{\underset{\sim}{A}^c}(u) = 1 - \mu_{\underset{\sim}{A}}(u) \tag{2.8}$$

2.1.3　隶属度函数

常用的隶属度函数有以下几种类型[47]：

1) 三角型函数

$$\mu_{\underset{\sim}{A}}(u) = \begin{cases} 0, & u \leqslant a \\ \dfrac{u-a}{b-a}, & a < u \leqslant b \\ \dfrac{c-u}{c-b}, & b < u \leqslant c \\ 0, & c < u \end{cases} \quad (2.9)$$

三角型隶属度函数如图 2.1 所示，a、b、c 分别对应起点、峰值和终点位置。

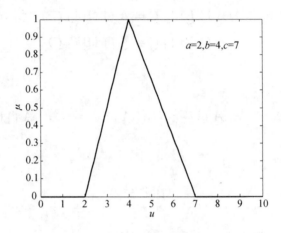

图 2.1　三角型隶属度函数

2) 梯型函数

梯型隶属度函数如图 2.2 所示，a、b、c、d 分别带表梯形两边的起点和终点位置。三角型函数和梯型函数本质上都是分段线性函数，因此使用和计算比较简单。

$$\mu_{\underset{\sim}{A}}(u) = \begin{cases} 0, & u \leqslant a \\ \dfrac{u-a}{b-a}, & a < u \leqslant b \\ 1, & b < u \leqslant c \\ \dfrac{d-u}{d-c}, & c < u \leqslant d \\ 0, & d < u \end{cases} \quad (2.10)$$

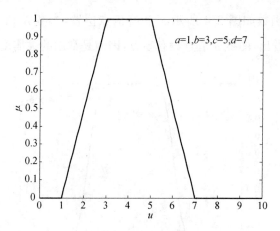

图 2.2　梯型隶属度函数

3）高斯型函数

$$\mu_{\underline{A}}(u) = \exp\left(-\frac{(u-c)^2}{2\sigma^2}\right) \tag{2.11}$$

图 2.3 所示为高斯型隶属度函数，c 为峰值点位置，σ 控制曲线的形状。

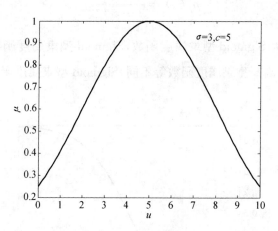

图 2.3　高斯型隶属度函数

4）钟型函数

$$\mu_{\underline{A}}(u) = \frac{1}{1+\left|\dfrac{u-c}{a}\right|^{2b}} \tag{2.12}$$

钟型隶属度函数如图 2.4 所示，c 为峰值点位置，参数 a 和 b 控制曲线的形状。从图中可以看出，曲线光滑且没有零点，因而是常用的隶属度函数。

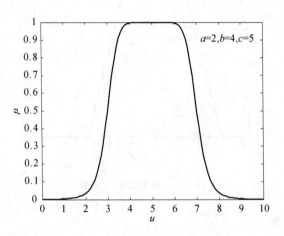

图 2.4   钟型隶属度函数

5）Sigmoid 型函数

$$\mu_{\underline{A}}(u) = \frac{1}{1 + e^{-a(u-c)}} \tag{2.13}$$

图 2.5 所示为 Sigmoid 型隶属度函数，Sigmoid 型隶属度函数曲线同样有着很好的光滑性，与高斯型隶属度函数等不同，Sigmoid 型隶属度函数适合表示非对称性的事物。

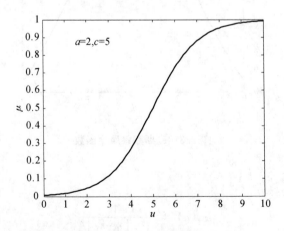

图 2.5   Sigmoid 型隶属度函数

6) Z 型函数

$$\mu_{\underset{\sim}{A}}(u) = \begin{cases} 1, & u \leqslant a \\ 1 - \left(\dfrac{u-a}{b-a}\right)^2, & a < u \leqslant \dfrac{a+b}{2} \\ 2\left(b - \dfrac{u}{b-a}\right)^2, & \dfrac{a+b}{2} < u \leqslant b \\ 0, & b < u \end{cases} \tag{2.14}$$

图 2.6 所示为 Z 型隶属度函数,Z 型隶属度函数基于样条插值,参数 a、b 分别定义样条插值的起点和终点。

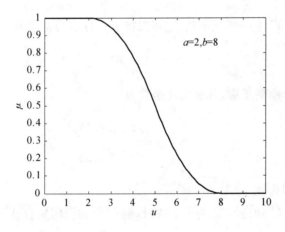

图 2.6　Z 型隶属度函数

2.1.4　模糊集合相关的定义和定理

1) 台集

设 $\underset{\sim}{A}$ 是论域 U 上的模糊子集,$A_S = \{u \mid \mu_{\underset{\sim}{A}}(u) > 0\}$ 为 $\underset{\sim}{A}$ 的台集。台集为论域 U 中所有使 $\mu_{\underset{\sim}{A}}(u) > 0$ 的 u 的全体,是经典集合。

2) 凸模糊集

设 $\underset{\sim}{A}$ 为以实数 $\mathbf{R}$ 为论域的模糊子集,其隶属函数为 $\mu_{\underset{\sim}{A}}(u)$,若对任意实数 $a < u < b$,都有

$$\mu_{\underset{\sim}{A}}(u) \geqslant \min\{\mu_{\underset{\sim}{A}}(a), \mu_{\underset{\sim}{A}}(b)\} \tag{2.15}$$

则称 $\underset{\sim}{A}$ 为凸模糊集。凸模糊集的隶属函数具有单峰性质。

3) 单点模糊集合

若模糊集合 $\underset{\sim}{A}$ 的台集仅为一个点,且该点的隶属度函数 $\mu_{\underset{\sim}{A}}(u)=1$,则称 $\underset{\sim}{A}$ 为单点模糊集合。

4) λ 截集

设 $\underset{\sim}{A}$ 是论域 U 上的模糊子集,$A_\lambda=\{u\,|\,\mu_{\underset{\sim}{A}}(u)\geqslant\lambda, 0\leqslant\lambda\leqslant1\}$ 为 $\underset{\sim}{A}$ 的 λ 截集,λ 称为水平。λ 截集也是经典集合。若将 $\mu_{\underset{\sim}{A}}(u)\geqslant\lambda$ 换成 $\mu_{\underset{\sim}{A}}(u)>\lambda$,则得到的经典集合为 $\underset{\sim}{A}$ 的 λ 强截集。

5) 分解定理

设 $\underset{\sim}{A}$ 是论域 U 上的模糊子集,它可以按下式分解为 λ 截集:

$$\underset{\sim}{A} = \bigcup_{\lambda\in[0,1]} \lambda A_\lambda \tag{2.16}$$

其中,λA_λ 是一个模糊子集,其隶属度函数为

$$\mu_{\lambda A_\lambda}(u) = \begin{cases} \lambda, & u \in A_\lambda \\ 0, & u \notin A_\lambda \end{cases} \tag{2.17}$$

6) 扩张原则

设 f 是论域 U 到论域 V 的一个映射,则 U 上的模糊集合 $\underset{\sim}{A}$,可以扩张成为

$$\tilde{f}:\underset{\sim}{A} = \tilde{f}(\underset{\sim}{A}) \tag{2.18}$$

$\underset{\sim}{A}$ 和 $\tilde{f}(A)$ 的隶属函数的值相同,这是由于在扩张映射时,隶属函数可以完全传递。分解定理和扩张原则起到普通数学和模糊数学之间桥梁的作用[48]。

2.1.5　模糊关系

设有两个经典集合 U 和 V,定义 U 和 V 的直积为

$$U\times V = \{(u,v) \mid u \in U, v \in V\} \tag{2.19}$$

$U\times V$ 上的二元模糊关系是 $U\times V$ 上的一个模糊子集 $\underset{\sim}{R}_{U\times V}$,$\underset{\sim}{R}_{U\times V}$ 的隶属度函数 $\mu_{\underset{\sim}{R}}(u,v)$ 表示 u 与 v 相关的程度。当 U 和 V 分别有 m 和 n 个元素时,定义模糊关

系 $\underset{\sim}{R}_{U\times V}$ 用模糊矩阵来表示：

$$\underset{\sim}{R}_{U\times V} = (r_{ij})_{m\times n} \tag{2.20}$$

其中，r_{ij} 表示元素 u_i 与元素 v_j 对于模糊关系 $R_{U\times V}$ 的隶属程度。

对 n 个集合 $U_1, U_2, \cdots, U_n$，直积 $U_1 \times U_2 \times \cdots \times U_n$ 定义为

$$U_1 \times U_2 \times \cdots \times U_n = \{(u_1, u_2, \cdots, u_n) \mid u_i \in U_i, i = 1, 2, \cdots, n\} \tag{2.21}$$

当论域为 $U_1 \times U_2 \times \cdots \times U_n$ 时，对应的为 n 元模糊关系 $\underset{\sim}{R}_{U_1 \times U_2 \times \cdots \times U_n}$。

在经典集合论中，不同映射关系之间可以合成，模糊关系作为模糊集合之间的一种映射，也能进行合成运算。

设 U、V、W 是论域，$\underset{\sim}{R}_{u\times v}$ 是 U 到 V 的一个模糊关系，$\underset{\sim}{R}_{v\times w}$ 是 V 到 W 的一个模糊关系，则 U 到 W 的模糊关系 $\underset{\sim}{R}_{u\times w}$ 可以通过下式合成得到

$$\underset{\sim}{R}_{u\times w} = \underset{\sim}{R}_{u\times v} \circ \underset{\sim}{R}_{v\times w} \tag{2.22}$$

其隶属度根据合成方法的不同采用不同的计算公式。其中最大-最小合成在实际中应用最为广泛。

当采用最大-最小合成时，隶属度函数公式为

$$\mu_{R_{u\times w}}(u, w) = \bigvee_{v \in V} (\min\{\mu_{R_{u\times v}}(u, v), \mu_{R_{v\times w}}(v, w)\}) \tag{2.23}$$

当采用最大-积合成时，隶属度函数公式为

$$\mu_{R_{u\times w}}(u, w) = \bigvee_{v \in V} (\mu_{R_{u\times v}}(u, v) \cdot \mu_{R_{v\times w}}(v, w)) \tag{2.24}$$

当采用最大-有界积合成时，隶属度函数公式为

$$\mu_{R_{u\times w}}(u, w) = \bigvee_{v \in V} (\max\{0, \mu_{R_{u\times v}}(u, v) + \mu_{R_{v\times w}}(v, w) - 1\}) \tag{2.25}$$

2.1.6　模糊语言变量

在日常生活和工作中人们使用语言进行沟通和交流，并以文本、音像等各种形式进行记录语言表达的思想。人与人交流使用的语言称为自然语言。而人与计算机等各种机器进行人机交互时，只是用一系列符号去代表机器的动作和当前

的处理状态,采用只起形式上记号作用的形式语言。为了使计算机能够模拟人类的思维、推理等智能活动,需要使自然语言的模糊性能够以形式语言表示,使计算机能够识别和处理模糊语言信息。模糊集合的出现使自然语言能够以模糊语言变量的形式为计算机接受并进行处理。

　　模糊语言变量是自然语言中的词或句,它是用模糊语言表示的模糊集合。Zadeh 对语言变量的定义如下[49]:

　　语言变量由一个五元组 $(X,T(X),U,G,M)$ 来表征。其中,X 是语言变量的名称,$T(X)$ 是语言变量语言值名称的集合,U 是 X 的论域,G 和 M 分别是语法规则和语义规则。如图 2.7 所示,智力这一语言变量,语言值名称包括智力落后、智力正常和智力超常,其论域为 IQ 值。语法规则 G 依据人的习惯定义了语言值的名称,而语义规则 M 是依据专家知识或人们的经验定义论域和语言值之间的模糊关系。

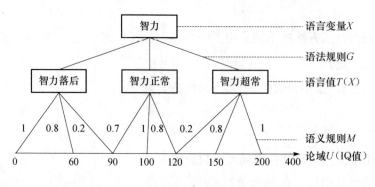

图 2.7　语言变量的五元体

2.1.7　模糊逻辑推理

　　模糊逻辑推理和假言推理类似,假言推理有肯定前件和否定后件两种形式,而模糊逻辑推理也分为广义的肯定前件式推理和广义的否定后件式推理,模糊推理更真实地反映人们在实际生活中的推理过程。

　　广义的肯定前件式推理和广义的否定后件式推理的大前提即模糊推理规则是相同的,如“若 x 为 A,则 y 为 B”。不同之处在于,广义的肯定前件式推理的小前提为“x 为 A'”,推理过程为由前至后,而广义的否定后件式推理的小前提为“y

为 B'"，推理过程为由后至前。两者最终得到的结论分别为"y 为 B'"和"x 为 A'"。

　　模糊推理规则的实质是模糊蕴含关系，而模糊推理的过程实际上是模糊关系合成的过程。学者 Zadeh、Mamdani 和 Larsen 等根据蕴含关系算法的不同提出了各种模糊推理算法[46~48]。其中 Mamdani 和 Larsen 的提出的模糊推理算法由于效果较好在实际中最常用。

　　Mamdani 提出的广义的肯定前件式推理的计算公式为

$$B' = \int_Y \bigvee_{x \in X} (\mu_{A'}(x) \wedge (\mu_A(x) \wedge \mu_B(y)))/y \qquad (2.26)$$

Mamdani 提出的广义的否定后件式推理的计算公式为

$$A' = \int_X \bigvee_{y \in Y} ((\mu_A(x) \wedge \mu_B(y)) \wedge \mu_{B'}(y))/x \qquad (2.27)$$

Larsen 提出的广义的肯定前件式推理的计算公式为

$$B' = \int_Y \bigvee_{x \in X} (\mu_{A'}(x) \wedge (\mu_A(x) \cdot \mu_B(y)))/y \qquad (2.28)$$

Larsen 提出的广义的否定后件式推理的计算公式为

$$A' = \int_X \bigvee_{y \in Y} ((\mu_A(x) \cdot \mu_B(y)) \wedge \mu_{B'}(y))/x \qquad (2.29)$$

　　在复杂的多入多出模糊逻辑系统的规则库中，通常用"also"连接一系列模糊规则组成模糊规则库。在某一条规则中，可以由"and"连接多个输入或输出。当多个输出使用"and"连接，可以看作模糊规则库由多个单输出的子规则库组成，因此下面的讨论中只考虑多输入单输出的情况，求出各个单个输出的结果后组合一起就是系统最终的输出结果。假设某一条模糊规则为"若 x_1 为 A_1 and x_2 为 A_2 and … and x_n 为 A_n，则 y 为 B"，则"若 x_1 为 A_1 and x_2 为 A_2 and … and x_n 为 A_n"为直积空间 $A_1 \times A_2 \times \cdots \times A_n$ 上的模糊集合，其隶属度函数采用积运算或交运算时效果较好。

　　当采用积运算时 $A_1 \times A_2 \times \cdots \times A_n$ 的隶属度函数公式为

$$\mu_{A_1 \times A_2 \times \cdots \times A_n}(x_1, x_2, \cdots, x_n) = \mu_{A_1}(x_1)\mu_{A_2}(x_2)\cdots\mu_{A_n}(x_n) \qquad (2.30)$$

当采用交运算时 $A_1 \times A_2 \times \cdots \times A_n$ 的隶属度函数公式为

$$\mu_{A_1 \times A_2 \times \cdots \times A_n}(x_1, x_2, \cdots, x_n) = \min\{\mu_{A_1}(x_1), \mu_{A_2}(x_2), \cdots, \mu_{A_n}(x_n)\} \quad (2.31)$$

然后按照 Mamdani 和 Larsen 的提出的模糊推理算法计算即可得到输出。

假设模糊规则库中有 m 条规则，各规则使用"also"连接，规则库具体为"若 x 为 A_1，则 y 为 B_1 also 若 x 为 A_2，则 y 为 B_2 also⋯also 若 x 为 A_m，则 y 为 B_m"。"also"运算可以采用并运算、代数和与有界和等。小前提为"x 为 A'"时，结论"y 为 B'"可以由下式计算：

$$B' = A' \circ \bigcup_{i=1}^{m} R_i(A_i, B_i) \quad (2.32)$$

当采用 Mamdani 提出的广义的肯定前件式推理算法，"also"运算采用并运算，则

$$\mu_{B'}(y) = \bigvee_{i=1}^{m} \left[\bigvee_{x \in X} (\mu_{A'}(x) \wedge (\mu_{A_i}(x) \wedge \mu_{B_i}(y))) \right] \quad (2.33)$$

当采用 Mamdani 提出的广义的肯定前件式推理算法，"also"运算采用代数和，则

$$\mu_{B'}(y) = \sum_{i=1}^{m} \left[\bigvee_{x \in X} (\mu_{A'}(x) \wedge (\mu_{A_i}(x) \wedge \mu_{B_i}(y))) \right]$$
$$- \prod_{i=1}^{m} \left[\bigvee_{x \in X} (\mu_{A'}(x) \wedge (\mu_{A_i})(x) \wedge \mu_{B_i}(y))) \right] \quad (2.34)$$

当采用 Larsen 提出的广义的肯定前件式推理算法，"also"运算采用并运算，则

$$\mu_{B'(y)} = \bigvee_{i=1}^{m} \left[\bigvee_{x \in X} (\mu_{A'}(x) \wedge (\mu_{A_i}(x) \cdot \mu_{B_i}(y))) \right] \quad (2.35)$$

当采用 Larsen 提出的广义的肯定前件式推理算法，"also"运算采用代数和，则

$$\mu_{B'}(y) = \sum_{i=1}^{m} \left[\bigvee_{x \in X} (\mu_{A'}(x) \wedge (\mu_{A_i}(x) \cdot \mu_{B_i}(y))) \right]$$
$$- \prod_{i=1}^{m} \left[\bigvee_{x \in X} (\mu_{A'}(x) \wedge (\mu_{A_i}(x) \cdot \mu_{B_i}(y))) \right] \quad (2.36)$$

2.2　模糊推理系统分类与组成

模糊推理系统通常可以分为三类：纯模糊逻辑系统、Takagi-Sugeno 型（T-S型）模糊逻辑系统和 Mamdani 型模糊逻辑系统[50,51]。

2.2.1　纯模糊逻辑系统

纯模糊逻辑系统由模糊规则库和模糊推理机组成，其输入输出均为模糊集合，如图 2.8 所示。模糊规则库里包含了由"also"连接的多条模糊规则，模糊推理机将输入的模糊集合经过推理计算后得到输出模糊集合。

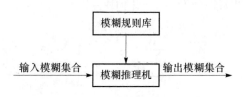

图 2.8　纯模糊逻辑系统

纯模糊系统的优点是结构简单，并能充分利用专家知识，缺点是输入和输出均为模糊集合，不能直接在工程中使用。在实际中应用较多的是 T-S 型模糊逻辑系统和 Mamdani 型模糊逻辑系统。

2.2.2　T-S 型模糊逻辑系统

T-S 型模糊逻辑系统由 Takagi 和 Sugeno 提出，结构如图 2.9 所示。其特点

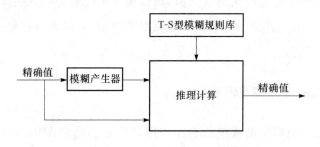

图 2.9　T-S 型模糊逻辑系统

为模糊规则的后项结论为精确值。假设系统有两个输入 x_1 和 x_2，一个输出 y，模糊规则库由 N 条模糊规则组成，模糊规则的一般形式为 if x_1 is A_i and x_2 is B_i then $y=p_i x_1+q_i x_2+r_i (i=1,\cdots,N)$。

假设系统的输入 x_1 对 A_i 的隶属度为 $\mu_{A_i}(x_1)$，x_2 对 B_i 的隶属度为 $\mu_{B_i}(x_2)$，则每条模糊规则对应的输出为

$$y_i = p_i x_1 + q_i x_2 + r_i, \quad i=1,\cdots,N \tag{2.37}$$

该条模糊规则对应的输出对总输出的影响权重 W_i 由式(2.38)计算得到：

$$W_i = \mu_{A_i}(x_1)\mu_{B_i}(x_2), \quad i=1,\cdots,N \tag{2.38}$$

之后计算根据式(2.39)计算权重归一化值 $\overline{W_i}$：

$$\overline{W_i} = \frac{W_i}{\sum_{i=1}^{N} W_i}, \quad i=1,\cdots,N \tag{2.39}$$

则系统最终的输出为

$$y = \sum_{i=1}^{N} \overline{W_i} y_i, \quad i=1,\cdots,N \tag{2.40}$$

可以看出，输入的精确值首先经过模糊产生器变换为模糊集合，接着输入的精确值和变换后得到的模糊集合依据 T-S 型模糊规则库进行推理计算，直接得到输出的精确值。T-S 型模糊逻辑系统的输出量在没有模糊消除器的情况下仍然是精确值。它不需要模糊消除器直接得到系统的精确值输出，因而速度更快。一方面由于其规则的结论非模糊语言真值，难以从专家经验提取规则库；另一方面由于输出完全由隶属度函数参数和模糊规则参数决定，可以通过神经网络等方法对这些参数进行学习。

2.2.3　Mamdani 型模糊逻辑系统

Mamdani 型模糊逻辑系统是目前应用最广泛的模糊逻辑系统，在 Mamdani 型模糊逻辑系统中，模糊规则的前件和后件均为模糊语言值，它实质上是在纯模

糊逻辑系统的输入和输出部分分别添加模糊产生器和模糊消除器,其结构如图 2.10 所示。

图 2.10　Mamdani 型模糊系统

　　模糊产生器将输入的精确值转换为模糊集合,完成模糊化的工作。模糊化通常通过两种方法,一种方法是查表,另一种方法是通过隶属度函数计算。前者主要用于论域为离散的,且元素个数有限的情况。后者可用于论域连续的情况,且便于计算。模糊消除器的作用与模糊产生器相反,将一个模糊集合映射为精确值,又称为解模糊化。解模糊化的方法通常有以下几种[47,48]:

1) 平均最大隶属度法

　　平均最大隶属度法取隶属度函数极值的平均值为清晰值。当输出模糊集合的隶属度只有一个峰值时,隶属度函数的最大值为清晰值。如图 2.11 所示,y_0 表示清晰值,圆形标志代表 y_0 位置。

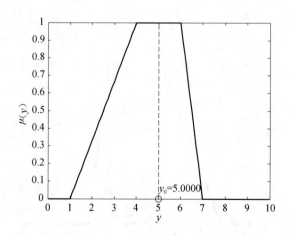

图 2.11　平均最大隶属度法

2) 最大隶属度取最小值法

最大隶属度取最小值法取输出模糊集合中使最大隶属度取得极值的点中的最小值作为去模糊化的结果。如图 2.12 所示,在梯形隶属度函数中,当 $y\in[4,6]$ 时有最大隶属度 1,因此清晰值 y_0 取最小值 4。

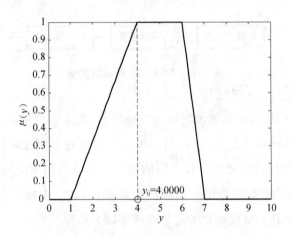

图 2.12　最大隶属度取最小值法

3) 最大隶属度取最大值法

与最大隶属度取最小值法相反,最大隶属度取最小值法取输出模糊集合中使最大隶属度取得极值的点中的最大值作为去模糊化的结果。如图 2.13 所示,清晰值 y_0 取 $[4,6]$ 中的最大值 6。

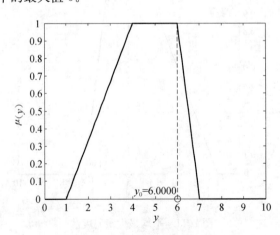

图 2.13　最大隶属度取最大值法

4）中位数法

中位数法又称为面积平分法，它取 $\mu(y)$ 的中位数作为 y 的清晰值，设 a 和 b 分别为论域的下界和上界，则清晰值 y_0 满足

$$\int_a^{y_0} \mu(y)\mathrm{d}y = \int_{y_0}^b \mu(y)\mathrm{d}y \tag{2.41}$$

即以 y_0 为分界将 $\mu(y)$ 与 y 轴之间的面积平分。如图 2.14 所示，左部分面积 $4.5-4+(4-1)/2=2$，右部分面积 $6-4.5+(7-6)/2=2$，二者相等，因此 $y_0=4.5$。

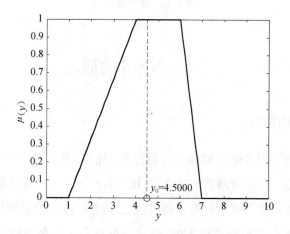

图 2.14　中位数法

5）面积重心法

面积重心法的算法类似重心的求解方法，它取 $\mu(y)$ 的加权平均值为 y 的清晰值，即

$$y_0 = \frac{\displaystyle\int_a^b y\mu(y)\mathrm{d}y}{\displaystyle\int_a^b \mu(y)\mathrm{d}y} \tag{2.42}$$

如图 2.15 所示，经计算 $y_0=4.4167$。

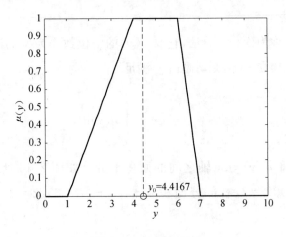

图 2.15　　面积重心法

2.3　ANFIS 的原理

2.3.1　ANFIS 的结构

　　人工神经网络按其拓扑结构和运行过程中信息流向可以分为前向网络和反馈型网络两大类。在前向网络如感知器、BP 网络中信息的流动是单向的,通过神经元的相互组合使整个网络具有非线性逼近能力。在反馈型网络如 Hopfield 网络中信息从输出端又反馈到输入端,经过一个动态过程最终稳定于平衡状态,得到联想存储或优化计算的结果[7]。按学习方式神经网络又可分为有监督学习、无监督学习和强化学习三类。有监督学习需要包含输入和输出的样本训练集,学习系统根据目标输出与实际输出之间的差值来调节系统参数。在无监督学习中,学习系统以一种自组织的方式完全按照数据的某些统计规律来调整自身结构和参数。强化学习介于监督学习和无监督学习之间,外界环境对系统输出结果不给出是否正确,只给出优或劣等评价信息,学习系统通过强化那些评价好的动作来完成学习过程[52,53]。

　　有监督学习前向神经网络属于自适应网络的一种,所谓自适应网络是指网络中的全部或部分节点参数在训练过程中不断被调整,直到网络的实际输出和目标输出的误差最小为止。如图 2.16 所示[30],它由多层网络构成,其中方形代表自适应节点,有与该节点对应的参数,圆形代表固定节点,没有相关参数。

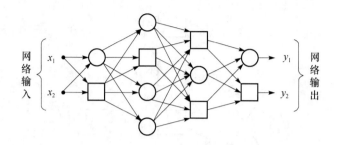

图 2.16　自适应网络结构

BP 神经网络和径向基函数神经网络都属于自适应网络的特殊形式。在 BP 神经网络中,所有的节点(称为神经元)对输入进行同一类函数运算,通常是求加权和后经过一个转移函数(也称激活函数)得到输出,此转移函数要求处处可微分,通常连接输入和输出的中间层(称为隐层)使用 Sigmoid 型函数而输出层使用线性函数。图 2.17 所示为一个 BP 神经网络的隐层节点。作为前向网络的核心部分,BP 网络在实际中得到了最广泛的应用[7]。

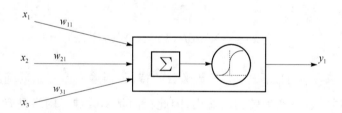

图 2.17　BP 神经网络的隐层节点

径向基函数神经网络和 BP 神经网络的主要差别在于,径向基函数神经网络中隐层采用径向对称的基函数作为激活函数,而 BP 神经网络使用 Sigmoid 型函数。BP 神经网络可以有多个隐层,而径向基函数神经网络只有一个隐层。最常用的基函数为高斯函数:

$$R_i(\boldsymbol{x}) = \exp\left(-\frac{\parallel \boldsymbol{x} - \boldsymbol{c}_i \parallel^2}{2\sigma_i^2}\right), \quad i = 1, 2, \cdots, m \tag{2.43}$$

其中,$\boldsymbol{x}$ 为输入向量;$\boldsymbol{c}_i$ 为与 $\boldsymbol{x}$ 具有相同维数的向量。一个两输入单输出,有 5 个

隐层节点的径向基函数神经网络如图 2.18 所示[54]。

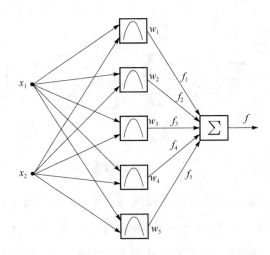

图 2.18　径向基函数神经网络

其中，$f_i(i=1,\cdots,5)$ 为隐层第 i 个节点的输出，$w_i(i=1,\cdots,5)$ 为加权参数，则

$$f_i(\boldsymbol{x}) = R_i(\boldsymbol{x}) = \exp\left(-\frac{\|\boldsymbol{x} - \boldsymbol{c}_i\|^2}{2\sigma_i^2}\right), \quad i=1,2,\cdots,5 \tag{2.44}$$

$$f(\boldsymbol{x}) = \sum_{i=1}^{5} w_i f_i(\boldsymbol{x}) = \sum_{i=1}^{5} w_i R_i(\boldsymbol{x}) \tag{2.45}$$

从式(2.44)中可以看出，由于基函数的特征，当输入信号靠近基函数的中央范围时，隐层节点将产生较大的输出，因此径向基函数神经网络具有局部的逼近能力。相对于具有全局逼近能力的 BP 网络，径向基函数神经网络具有收敛速度快、分类性能好等优点[55]。事实上在一定的条件下径向基函数神经网络和零阶 T-S 型模糊逻辑系统在功能上具有等价性[56]。

人工神经网络的优点是具备自学习和自适应能力，缺点是类似一个黑箱，从而难以模拟人脑的推理功能。模糊系统虽然能够表达人脑的推理能力，但缺乏自适应能力。ANFIS 由学者 Jang 提出[30]。ANFIS 结合了神经网络的学习能力和模糊系统的逻辑推理能力，兼具二者的优点，具有更优异的性能，已成功地应用于多个领域。典型的 ANFIS 的结构如图 2.19 所示，此系统有两个输入 x_1 和 x_2，一个输出 y，规则库由如下两条规则组成：

(1) if x_1 is A_1 and x_2 is B_1 then $y = p_1 x_1 + q_1 x_2 + r_1$;

(2) if x_1 is A_2 and x_2 is B_2 then $y = p_2 x_1 + q_2 x_2 + r_2$。

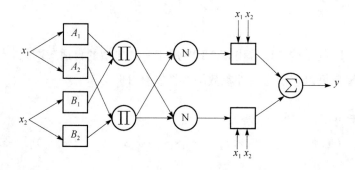

图 2.19 ANFIS 的结构

第一层为隶属度函数层,每个节点用节点函数来表示。

$$O_{1,i} = \begin{cases} \mu_{A_i}(x_1), & i = 1,2 \\ \mu_{B_{(i-2)}}(x_2), & i = 3,4 \end{cases} \quad (2.46)$$

其中,x_1、x_2 分别为节点 1 和节点 2 的输入;A_i、$B_{(i-2)}$ 为与节点相关的语言变量。

其中确定隶属度函数 μ_{A_i} 或 $\mu_{B_{(i-2)}}$ 等的形状的参数称为前件参数。

第二层为规则的强度释放层,在图中用 $\prod$ 表示,在第二层中将输入信号相乘,输出为

$$O_{2,j} = w_i = \mu_{A_i}(x_1)\mu_{B_i}(x_2), \quad i = 1,2 \quad (2.47)$$

第三层对所有规则强度进行归一化,计算公式为

$$O_{3,i} = \overline{w_i} = \frac{w_i}{w_1 + w_2}, \quad i = 1,2 \quad (2.48)$$

第四层计算模糊规则的输出,这一层的每个节点 i 为自适应节点,其输出为

$$O_{4,i} = \overline{w_i} f_i = \overline{w_i}(p_i x_1 + q_i x_2 + r_i), \quad i = 1,2 \quad (2.49)$$

$\{p_i, q_i, r_i\}$ 为该节点的参数集,称为后件参数。

第五层计算所有输入信号的总输出:

$$O_{5,i} = \sum_i \overline{w_i} f_i = \frac{\sum_i w_i f_i}{\sum_i w_i} \tag{2.50}$$

从 ANFIS 的结构可以看出,ANFIS 属于一种典型的自适应网络,当前件参数固定时,总输出可以表示为后件参数的线性组合,即

$$
\begin{aligned}
O_{5,1} &= \overline{w_1} f_1 + \overline{w_2} f_2 \\
&= (\overline{w_1} x_1) p_1 + (\overline{w_1} x_2) q_1 + \overline{w_1} r_1 + (\overline{w_2} x_1) p_2 + (\overline{w_2} x_2) q_2 + \overline{w_2} r_2
\end{aligned}
\tag{2.51}
$$

因此 ANFIS 可以通过 BP 算法或 BP 算法和最小二乘估计法的混合算法来进行学习,来调整系统的前件参数和后件参数。在混合算法中,学习分为前向和后向两个阶段,在前向阶段前件参数固定,计算到第四层后用最小二乘估计法(least square error,LSE)法调整后件参数。在反向阶段后件参数固定,误差信号反向传递,用 BP 法更新前件参数。当前件参数固定时,用 LSE 法可以得到最优的后件参数。采用混合法不仅可以减少 BP 法的搜索空间尺度,通常还能减少收敛所需的时间,提高训练速度。

2.3.2 BP 算法的各种改进方法

在 BP 算法中沿着目标误差函数负梯度的方向来调整权值等网络参数。该算法的单步计算可以写为

$$\boldsymbol{X}_{k+1} = \boldsymbol{X}_k - \alpha_k \boldsymbol{g}_k \tag{2.52}$$

其中,$\boldsymbol{X}_k$ 为当前权重等参数向量;$\boldsymbol{g}_k$ 为当前梯度向量;α_k 为学习速率。

标准的 BP 算法存在训练速度慢、容易陷入局部极小值等缺点,为了弥补这些缺点,出现了很多改进方法,主要分为两类:一类通过分析标准 BP 算法的性能函数,使用启发式技术,如动量附加法、自适应学习率和弹性 BP(resilient back propagation,RBP)算法等;另一类通过标准的数值优化技术实现快速 BP 算法,如共轭梯度法、拟牛顿法和 Levenberg-Marquart(LM)法等[58]。

1. 动量附加法

BP 算法在训练中从某一起始点沿误差函数的斜面搜索误差的最小值,当误差曲面凹凸不平、存在多个低谷时,在训练时如果陷入某一低谷,而此低谷并非误差超平面上的全局最小解。由此低谷向各方向变化均使误差增加,使网络陷入此一局部极小值而停止训练。

在附加动量法中,每次调整网络权值时,在前次权值的变化上加上一项正比于前次权值变化量的值,来产生新的权值变化来修正网络权值。由于同时考虑了误差在梯度上的作用和误差变化趋势的影响,从而使网络能跳出局部极小值。这里把阈值看作权值的一种,带有附加动量因子的权值调节公式为[59]

$$\Delta \boldsymbol{X}_{k+1} = \lambda \Delta \boldsymbol{X}_k - (1-\lambda)\alpha_k \boldsymbol{g}_k \tag{2.53}$$

其中,$\lambda(\lambda \in [0,1])$ 称为动量因子,当 λ 取值为零时,权值的变化完全由梯度下降法计算得到;当 λ 取值为 1 时,新的权值变化则为最后一次权值的变化,而依梯度法产生的变化部分则被忽略掉了,通常 λ 取 0.95 左右。在陷入局部极小值时,由于 $\boldsymbol{g}_k$ 很小,$\Delta \boldsymbol{X}_{k+1} \approx \Delta \boldsymbol{X}_k$,避免 $\Delta \boldsymbol{X}_k = 0$,从而使系统能够继续训练直至到全局最小值为止。

2. 自适应学习率[58]

在标准的 BP 算法中,在整个训练过程中学习速率保持恒定,算法的性能对学习速率选择的合适与否很敏感。当学习速率太大时,算法会振荡且不稳定;当学习速率太小时,训练时间增长。在训练之前确定最优的学习速率是不实际的,事实上在训练过程中当算法沿着目标误差函数曲面移动时,最优的学习速率是变化的。自适应学习率在网络稳定时增大学习速率以减小训练时间,当误差曲线出现大的震荡时,则减小学习速率,通过这种方法使训练过程保持最优的学习速率,既缩短训练时间又保证训练过程的稳定。

3. 弹性 BP 法

多层网络经常在隐层中使用 Sigmoid 型函数,这种函数可以将无限的输入范围压缩成有限的输出范围。当输入很大时,Sigmoid 型函数的偏导数接近零,这导致权值的变化量很小,失去调节作用。采用弹性 BP 法的目的就是为了消除因为偏导数过小带来的这种负面影响,弹性 BP 法中只用偏导数的符号而不用偏导数的大小来确定权值更新的方向,权值更新的大小由另外的一个独立变量 δ 确定。当目标误差函数对某个权值的偏导数在连续两步的更新中符号一致,则通过将权值更新幅度 δ 乘以 $δ_i(δ_i>1)$ 来增加权值,若符号不一致,则通过将权值更新幅度 δ 乘以 $δ_d(0<δ_d<1)$ 来减小权值。若偏导数为零,则权值保持不变[59]。即若权重振荡则减少权重变化,若权重连续几步都沿相同方向变化,则增加权重变化的幅度。

4. 拟牛顿法

牛顿法又称二阶梯度法,是一种经典的无约束最优化算法。该方法不但利用了目标函数在搜索点的梯度,而且还利用了目标函数的二次导数,考虑了梯度变化的趋势,因此可以更好地指向最优,较快地搜索到极值点。单步的计算公式为[58]

$$\boldsymbol{X}_{k+1} = \boldsymbol{X}_k - \boldsymbol{A}_k^{-1}\boldsymbol{g}_k \tag{2.54}$$

其中,$\boldsymbol{A}_k$ 为目标误差函数对当前权重的海森(Hessian)矩阵。牛顿法要计算每步搜索点的海森矩阵并求逆,计算费时且当 $\boldsymbol{A}_k$ 非正定时 $\boldsymbol{A}_k^{-1}$ 不存在,只能用梯度法计算。

拟牛顿法利用包含了二阶导数信息的梯度的差分构造一个近似矩阵 $\boldsymbol{H}_k$ 来代替 $\boldsymbol{A}_k^{-1}$,具有收敛速度快和数值稳定的优点。拟牛顿法的迭代公式为

$$\boldsymbol{X}_{k+1} = \boldsymbol{X}_k - \lambda_k \boldsymbol{H}_k \boldsymbol{g}_k \tag{2.55}$$

其中,λ_k 为沿 $-\boldsymbol{H}_k\boldsymbol{g}_k$ 方向搜索的最优步长。构造 $\boldsymbol{H}_k$ 的方法不同,就有不同的拟牛顿法,目前最为有效的一个海森矩阵修正公式是由 Broyden、Fletcher、Goldfarb 和 Shanno 提出的,称为 BFGS 方法。BFGS 海森矩阵修正公式如下[60]:

$$\boldsymbol{H}_{k+1} = \boldsymbol{H}_k + \left(1 + \frac{\boldsymbol{q}_k^{\mathrm{T}}\boldsymbol{H}_k\boldsymbol{q}_k}{\boldsymbol{p}_k^{\mathrm{T}}\boldsymbol{q}_k}\right)\frac{\boldsymbol{p}_k\boldsymbol{p}_k^{\mathrm{T}}}{\boldsymbol{p}_k^{\mathrm{T}}\boldsymbol{q}_k} - \frac{\boldsymbol{p}_k\boldsymbol{q}_k^{\mathrm{T}}\boldsymbol{H}_k + \boldsymbol{H}_k\boldsymbol{q}_k\boldsymbol{q}_k^{\mathrm{T}}}{\boldsymbol{p}_k^{\mathrm{T}}\boldsymbol{q}_k} \tag{2.56}$$

其中，$p_k = X_{k+1} - X_k$，$q_k = g_{k+1} - g_k$。

5. Levenberg-Marquart 法[58,61]

Levenberg-Marquart 法是牛顿法的变形，用以最小化那些作为其他非线性函数平方和的函数，非常适合用于神经网络训练。当目标误差函数为平方和，即

$$E = e^{\mathrm{T}}(X)e(X) \tag{2.57}$$

其中，$e(X)$ 为网络误差向量。海森矩阵可以近似表示为

$$H(X) = 2J^{\mathrm{T}}(X)J(X) \tag{2.58}$$

其中，$J(X)$ 为雅可比矩阵，包含了网络误差对权重的一阶偏导数信息。雅可比矩阵的计算比海森矩阵的计算要简便得多。梯度可以表示为

$$g(X) = 2J^{\mathrm{T}}(X)e(X) \tag{2.59}$$

Levenberg-Marquart 法中单步的计算公式如下：

$$X_{k+1} = X_k - [J^{\mathrm{T}}(X_k)J(X_k) + \mu_k I]^{-1}J^{\mathrm{T}}(X)e(X_k) \tag{2.60}$$

当 μ_k 为零，变为牛顿法的计算公式，只是用近似形式的海森矩阵，又称为高斯-牛顿法。当 μ_k 较大时，变为有着较小步长的 BP 法计算公式。由于牛顿法比标准BP 法更快且更精确地接近误差极小点，故训练中要尽可能快地接近高斯-牛顿法。所以在每一步成功地减小目标误差后，减小 μ_k。

6. 共轭梯度法

在常用的数值优化方法中，最速下降法最简单，但收敛较慢；牛顿法由于要计算海森矩阵和它的逆，计算复杂耗时；而共轭梯度法是某种折中：它不需要计算二次导数，但仍具有二次收敛的特性，可以有限次迭代后收敛于二次函数的极小点。在共轭梯度法的第一步，仍是沿着最速下降的方向（负梯度方向）搜索[58]：

$$p_0 = -g_0 \tag{2.61}$$

接着沿当前方向进行线性搜索，来找到最优的移动距离：

$$X_{k+1} = X_k + \alpha_k p_k \tag{2.62}$$

下一次的搜索方向和当前的搜索方向共轭，通常用负梯度方向和当前的搜索方向组合得到：

$$p_k = -g_k + \beta_k p_{k-1} \tag{2.63}$$

根据 β_k 计算方法的不同，共轭梯度法又可以分为以下几种：

1) Fletcher-Reeves update 法[62]

在 Fletcher-Reeves update 法中用当前梯度模的平方对前次梯度模的平方的比率来计算 β_k，即

$$\beta_k = \frac{g_k^T g_k}{g_{k-1}^T g_{k-1}} \tag{2.64}$$

2) Polak-Ribiére update 法

β_k 为前次梯度变化与当前梯度的内积除以前次梯度模的平方，即

$$\beta_k = \frac{\Delta g_{k-1}^T g_k}{g_{k-1}^T g_{k-1}} \tag{2.65}$$

3) Powell-Beale restarts 法[63]

在实际应用中对于所有的共轭梯度法，由于搜索方向不一定是下降方向，为了保证网络收敛，需要周期性地把搜索方向重置为负梯度方向。标准的做法为当迭代次数为权重等网络参数总数的整数倍时，对搜索方向进行重置。学者 Powell 提出了新的重置方法来提高训练效率，称为 Powell-Beale restarts 法。在该方法中若当前梯度和前次梯度只有很小的正交量，则进行重置。具体为当满足下式：

$$| g_{k-1}^T g_k | \geqslant 0.2 \| g_k \|^2 \tag{2.66}$$

则重置搜索方向

$$p_k = -g_k \tag{2.67}$$

4）比例共轭梯度（scaled conjugate gradient，SCG）法[64]

前面所介绍的共轭梯度法都需要在每一步沿直线搜索来确定最优的步长，由于在每次搜索中都需要多次计算网络对输入数据的输出，因而计算费时。Moller结合信任区域法和共轭梯度法，提出的比例共轭梯度法可以避免这种耗时的搜索过程，算法本身较为复杂，将在后续章节详细论述。

2.4　模　糊　聚　类

2.4.1　普通聚类分析

聚类是按照研究对象的某些特征进行区分和分类的过程，是一种无监督的分类。聚类分析是研究和处理聚类过程的数学方法，当使用的数学方法为普通数学方法时称为普通聚类分析。普通聚类分析可以分为基于划分的方法、基于层次的方法、基于密度的方法、基于网格的方法和基于模型的方法等[65]。

（1）基于划分的方法（partitioning methods）首先将数据集分成 K 个划分，然后利用经过反复迭代将对象从一个划分移到另一个划分，使得划分内相似度尽可能高，而不同划分件相似度尽可能低。典型的基于划分的方法有 K 均值算法和 K-memoids 算法等[66,67]。K 均值算法中相似度根据一个划分中对象的平均值来计算，K 均值算法的优点是复杂度低，处理大数据集效率高。缺点是对噪声和孤立点敏感，不适合发现大小差别很大的划分。K-memoids 算法处理噪声和孤立点比 K 均值算法效果好，缺点是算法复杂，执行时间长。

（2）基于层次的方法（hierarchical methods）使用层次对数据集进行分解。根据层次的生成顺序分为自顶向下（分裂）和自底向上（凝聚）两种，自顶向下首先将所有对象一起作为一个聚类，然后逐层分解为更小的聚类。而自底向上首先将每个对象单独作为一个聚类，然后逐层合并成更大的聚类。典型的基于层次的方法有 BIRCH（blanced iterative reducing and clustering using hierarchies）算法、CURE（clustering using representative）算法和 Chameleon 算法等[68~70]。BIRCH 算法首先对数据集进行层次划分，然后利用其他聚类算法对聚类结果进行优化。CURE 算法使用数据集中固定数目的对象作为代表，接着根据收缩因子向聚类中心收缩,收缩中距离最近的聚类被合并。CURE 算法在处理孤立点时比 BIRCH 算法效果更好。Chameleon 算法的特点是在逐层聚类时构造动态模型。

(3)基于密度的方法(density-based methods)基于密度而非距离,从而能发现任意形状的聚类结果。典型的基于密度的方法有 DBSCAN(density based spatial clustering of application with noise)算法、OPTICS(ordering points to identify the clustering structure)算法和 DENCLUE(density-based clustering)算法等[71~73]。DBSCAN 算法使足够高密度的区域不断生长,密度相连的高密度区域作为一个聚类,能克服噪声的影响发现任意形状的聚类结果。OPTICS 算法对数据排序,以克服 DBSCAN 算法不能通过密度参数刻画分布不均匀的高维数据的缺点。

(4)基于网格的方法(grid-based methods)将数据空间划分成为有限数目的单元,聚类以网格单元为对象。由于处理时间只依赖划分的网格数目,与数据对象的个数无关,因而基于网格的方法的优点是处理速度很快。典型的基于网格的方法有 STING(statistical information grid-based method)算法和 Clique 算法等[74,75]。STING 算法将数据空间划分为不同分辨率的矩形单元,有利于并行处理和增量更新,因而速度很快,但由于没有对角的聚类边界,聚类的精度不够高。Clique 算法将基于密度的方法结合在基于网格的方法中。

(5)基于模型的算法(model-based methods)[76]假定每一个聚类有一个特定的模型,通过神经网络或统计的方法建立这些模型,然后寻找满足该模型的数据对象。

2.4.2　模糊聚类分析

在普通聚类分析中,研究对象按照明确的界限被严格地划分到某个类中,是一种硬划分的方法。事实上有许多事物之间的关系更多的是模糊关系,类与类之间的划分并不严格,如高与矮、胖和瘦,应采用软划分的方法。1965 年,学者 Zadeh 提出了模糊集合论,非常适合进行这种软划分。应用模糊数学的方法来进行聚类分析,称为模糊聚类分析[77]。在模糊聚类分析中,研究对象以一定的隶属度分属于每一类,隶属度建立了研究对象属于各个类的不确定度,从而更加准确客观地反映现实世界。

1969 年,Ruspini 将模糊划分应用在聚类分析中[78]。Zadeh、Tarmura 等提出了基于相似关系和模糊关系的聚类方法。随后基于模糊等价关系的传递闭包方法、基于数据集的凸分解、动态规划等方法相继提出,然而由于这些方法的自身局限性,没有在实际中得到广泛应用。由 Ruspini 提出的基于目标函数的方法具有设计简单、适用范围广,便于在计算机中实现等优点,在实际应用中得到了广泛的青睐,此类方法也是聚类研究的热点。Dunn 在 Ruspini 研究的基础上提出了模糊 C 均值聚类(fuzzy C-means clustering,FCM)算法[79],Bezdek 又将其进一步改进和延伸[80],成为目前在实际中应用最广泛的算法。当前模糊聚类的研究主要集中在目标函数演化、聚类算法实现途径和聚类有效性等方面。神经网络、遗传算法等技术被越来越多地用于寻求快速最优聚类算法,结合它们的优点构造智能的模糊聚类算法将是一个很有前途的发展方向[81]。

由于模式识别本质上也是一个分类的过程,模糊聚类作为无监督分类方法在模式识别中得到了广泛应用[82]。由于在图像处理中经常需要处理无监督的分类问题,因此模糊聚类在图像分割、边缘检测、图像压缩和图像增强等领域也得到了诸多应用[83~85]。此外,模糊聚类的应用范围还涉及医学诊断、参数估计、天气预报、水质分析等[86~88]。

2.4.3　常用模糊聚类算法

目前在实际应用中应用较多模糊聚类算法除了模糊 C 均值聚类算法外,还有 K 均值聚类、减法聚类、山峰聚类法等[89]。K 均值聚类目前已经在图像和语音数据压缩、目标识别等领域得到了成功应用[90~92]。K 均值聚类的优点是抗噪声性能好,缺点是易陷入局部极小值而得不到最优解。Yager 等基于人类视觉上数据集聚类的原理提出的山峰聚类法[93,94],是一种大致估计聚类中心的相对简单而有效的方法。它的基本思想是首先在数据空间上构造网格并计算山峰函数,然后通过依次消去山峰函数来选择聚类中心。其缺点是由于必须计算所有网格点的山峰函数,其计算量随问题维数的增加而呈指数增长。为了解决这一问题,Chiu 提出了减法聚类,在减法聚类中,聚类中心的候选集为数据点,相比以网格点为候选集的山峰聚类法,候选集大大减小,其计算量与输入数据的维数无关,而只与输入数据点的数目成简单的线性关系,因而计算速度非常快。

减法聚类的算法的具体流程[95]如下:考虑 M 维空间已进行归一化的 n 个数据点 $\{x_1, x_2, \cdots, x_n\}$。每个数据点都作为聚类中心的候选者,定义数据点 x_i 作为聚类中心的可能性 P_i 如下所示:

$$P_i = \sum_{j=1}^{n} \exp\left(-\frac{4}{r_a^2} \parallel x_i - x_j \parallel^2\right) \tag{2.68}$$

其中,r_a 为正的常量。可以看出一个数据点成为聚类中心的可能性与它和其他点之间的距离成反比,因此一个有多个临近点的数据点成为聚类中心的可能性很大。r_a 实际上是该数据点的邻域半径,在这个半径之外的数据点对该数据点成为聚类中心的可能性的影响小到可以忽略。

在计算每个数据点成为聚类中心的可能性后,选择可能性最高的数据点作为第一个聚类中心。假设 x_1^c 为第一个聚类中心,P_1^c 为计算得到的 x_1^c 为聚类中心的可能性。接着根据式(2.69)修改每个数据点 x_i 成为聚类中心的可能性:

$$P_i = P_i - P_1^c \exp\left(-\frac{4}{r_b^2} \parallel x_i - x_1^c \parallel^2\right) \tag{2.69}$$

其中,r_b 也为正的常量。在式(2.69)中,每个数据点 x_i 成为聚类中心的可能性通过在原值的基础上减去一个差值进行了修正。这个差值是该数据点和第一个聚类中心距离的函数,该数据点离第一个聚类中心越远,这个差值越小,则经过修正后更成为聚类中心的可能性越大。而第一个聚类中心附近的点成为聚类中心的可能性大大降低。常量 r_b 实际上定义了数据点成为聚类中心可能性显著降低的邻域半径。

根据式(2.69)计算了每个数据点成为聚类中心可能性后,选择具有最高可能性的点作为第二个聚类中心,接着根据数据点和第二个聚类中心的距离继续修正每个数据点 x_i 成为聚类中心的可能性,这一过程经过 k 步迭代,得到第 k 个聚类中心 x_k^c 和对应的成为聚类中心可能性 P_k^c。

减法聚类判断聚类过程停止的准则[95]如下:当 $P_k^c > \varepsilon_a P_1^c$ 时,接受 x_k^c 作为聚类中心,然后继续进行迭代得到 x_{k+1}^c 和 P_{k+1}^c,再进行聚类停止准则的判断。当

$P_k^c < \varepsilon_r P_1^c$ 时,结束聚类过程,x_k^c 不作为聚类中心。ε_a 和 ε_r 为常量,分别为接收因子和排斥因子。接收因子设定了该数据点必定被接收为聚类中心的可能性下限,而排斥因子设定了该数据点必定被排除在聚类中心之外时 P_k^c 的上限。如果 $P_k^c \in [\varepsilon_r P_1^c, \varepsilon_a P_1^c]$,假设 $d_{\min}$ 为 x_k^c 和之前找到的聚类中心的最短聚类,则根据式(2.70)计算 λ:

$$\lambda = \frac{d_{\min}}{r_a} + \frac{P_k^c}{P_1^c} \tag{2.70}$$

当 $\lambda \geqslant 1$ 时,接受 x_k^c 作为聚类中心,然后继续进行迭代;当 $\lambda < 1$ 时,不接收 x_k^c 作为聚类中心,设置 P_k^c 为 0,将具有次高成为聚类中心可能性的点设置为新的 x_k^c,并重新计算 λ。

在模糊 C 均值聚类算法中,$X = \{x_1, x_2, \cdots, x_n\}$ 被划分为 c 类,隶属矩阵 U 的元素 $u_{ij}(i=1,2,\cdots,c; j=1,2,\cdots,n)$ 表示第 j 个数据点属于第 i 类的隶属度,u_{ij} 满足如下条件[80]:

$$\begin{cases} \sum_{i=1}^{c} u_{ij} = 1, & \forall j \\ u_{ij} \in [0,1], & \forall i,j \\ \sum_{j=1}^{n} u_{ij} > 0, & \forall i \end{cases} \tag{2.71}$$

FCM 的目标函数为

$$J(U, c_1, \cdots, c_c) = \sum_{i=1}^{c} \sum_{j=1}^{n} u_{ij}^m d_{ij}^2(x_j, c_i) \tag{2.72}$$

其中,$c_i(i=1,2,\cdots,c)$ 为聚类中心;$m \in [1, \infty)$ 为模糊指数;$d_{ij}(x_j, c_i)$ 为聚类中心 c_i 与数据点 x_j 之间的欧几里得距离,由式(2.73)表示:

$$d_{ij}(x_j, c_i) = \parallel c_i - x_j \parallel \tag{2.73}$$

采用拉格朗日乘子法,求得使 $J(U, c_1, \cdots, c_c)$ 取最小值的必要条件,根据式(2.74)构造一个新的目标函数,$\lambda_j(j=1,\cdots,n)$ 是拉格朗日乘子。

$$\bar{J}(U,c_1,\cdots,c_c,\lambda_1,\cdots,\lambda_n) = \sum_{i=1}^{c}\sum_{j=1}^{n}u_{ij}^m d_{ij}^2(x_j,c_i) + \sum_{j=1}^{n}\lambda_j\left(\sum_{i=1}^{c}u_{ij}-1\right)$$

$$(2.74)$$

对所有的输入参量求导，可以求得

$$c_i = \frac{\sum\limits_{j=1}^{n}u_{ij}^m x_j}{\sum\limits_{j=1}^{n}u_{ij}^m}$$

$$(2.75)$$

和

$$u_{ij} = \frac{1}{\sum\limits_{k=1}^{c}\left(\dfrac{d_{ij}}{d_{kj}}\right)^{\frac{2}{m-1}}}$$

$$(2.76)$$

FCM 的具体迭代过程[80]如下：

步骤 1　用随机数初始化满足式(2.71)约束条件的隶属矩阵 U。

步骤 2　根据式(2.75)计算聚类中心 $c_i(i=1,2,\cdots,c)$。

步骤 3　根据式(2.72)计算 $J(U,c_1,\cdots,c_c)$，当小于某个设定值或相对于上次目标函数的变化量小于某个值，算法停止。

步骤 4　用式(2.76)计算新的隶属矩阵 U，返回步骤 2。

在聚类结束时得到的隶属矩阵 U 是一个模糊划分矩阵，需要经过清晰化得到普通分类，主要有两种方法，一种是数据点 x_j 距离哪个聚类中心最近，就将它归为哪一类。另一种是数据点 x_j 对哪一类的隶属度值最大，就归为哪一类。

2.5　本 章 小 结

本章首先较系统地介绍了模糊逻辑基础理论，包括模糊集合、隶属度函数、模糊关系、模糊语言变量等基本概念，以及模糊合成等运算和模糊推理规则。阐述了目前常见的三种模糊推理系统——纯模糊逻辑系统、T-S 型模糊逻辑系统和 Mamdani 型模糊逻辑系统的组成与基本结构。对自适应模糊神经推理系统这一特殊的自适应网络的原理进行了论述。针对标准 BP 算法训练速度慢、易陷入局部极小值的缺点,介绍了动量附加法、自适应学习率、弹性 BP 法、Levenberg-Marquart 法、共轭梯度法等改进方法,其中着重介绍了共轭梯度法的几种形式:Fletcher-Reeves update 法、Polak-Ribiére update 法、Powell-Beale restarts 法和比例共轭梯度法。最后介绍了聚类分析的基础理论和常用的聚类算法。以上内容为后续的算法改进和应用研究奠定了理论基础。

第 3 章　基于改进型模糊聚类的模糊系统建模方法研究

3.1　模糊聚类算法的改进

3.1.1　改进型聚类算法的提出

目前常用的聚类算法有 K 均值聚类、模糊 C 均值聚类、减法聚类等。模糊 C 均值聚类由于适应范围广、精度高等优点,已成功应用在图像分割、故障诊断等多个领域,是目前应用最广泛的聚类算法[96~98]。减法聚类是一种用来估计一组数据中聚类个数以及聚类中心位置的快速的单次算法,由减法聚类算法得到的聚类估计可以用于初始化那些有重复优化过程的模糊聚类和模型识别算法[52]。FCM 的优点就是用隶属度的方式表征数据点属于某类的程度,同时,如果初始的聚类中心选择得好的话,可以达到较高的计算精度。缺点是聚类中心个数必须事先提供,而且由于初始聚类中心随机生成,当选择不同的处始点时收敛速度会有很大变化,使得 FCM 的收敛性能严重依赖于聚类的初始点,可能陷入局部极小点[99]。

FCM 算法中聚类中心的候选集为网格点,而减法聚类算法中聚类中心的候选集为数据点,其计算量与输入数据的维数无关,仅与输入数据点的数目成简单的线性关系,因而算法的计算速度非常快。减法聚类的缺点是所求出的聚类中心在原始的数据点上,和 FCM 等算法相比求出的聚类中心精度不高,不适于对于精度要求很高的地方。目前已有先用减法聚类得到最佳的聚类中心个数,再将聚类中心个数用于 FCM 的应用[100]。

图 3.1、图 3.2 分别为对同一组二维数据用减法聚类和标准 FCM 聚类的结果,相同形状的被分为同一类,大的形状标志为该类的聚类中心。从图中可以看出,减法聚类得到聚类中心的位置和 FCM 聚类得到的聚类中心的位置很近。通

过对一维和两维数据的大量聚类试验后发现,在聚类中心个数相同时,经减法聚类后得到的聚类中心和经 FCM 迭代运算后得到的聚类中心相当接近。

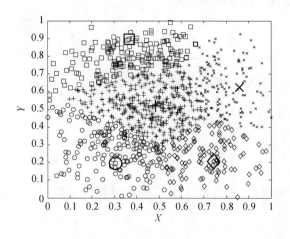

图 3.1　减法聚类结果

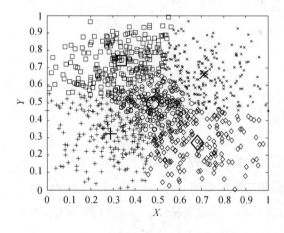

图 3.2　FCM 聚类结果

　　因此提出以减法聚类后得到的聚类中心全部用来初始化 FCM 的聚类中心,即不仅利用减法聚类得到 FCM 的聚类中心个数,并且在减法聚类得到的聚类中心上添加一个微小量,得到 FCM 的初始化聚类中心位置,来加快 FCM 的收敛速度。

3.1.2　改进型聚类算法的实现

模糊 C 均值算法的目标函数为

$$J_m = \sum_{i=1}^{c} \sum_{j=1}^{N} (\mu_{ji})^m \parallel x_j - w_i \parallel^2 \tag{3.1}$$

其中，$x_j (j=1,2,\cdots,N)$ 为样本空间数据；$w_i (i=1,2,\cdots,c)$ 为聚类中心；μ_{ji} 为 x_j 对 w_i 的隶属度，且满足

$$\sum_{i=1}^{c} \mu_{ji} = 1, \quad \sum_{j=1}^{N} \mu_{ji} > 0 \tag{3.2}$$

$m \in (1,\infty)$ 为模糊指数，通常取 2。FCM 的过程就是最小化 J_m 的过程。其步骤如下：

$$\mu_{ji} = \frac{1}{\displaystyle\sum_{l=1}^{c} \left(\frac{\parallel x_j - w_i \parallel^2}{\parallel x_j - w_l \parallel^2} \right)^{\frac{1}{m-1}}} = \frac{\left(\dfrac{1}{\parallel x_j - w_i \parallel^2} \right)^{\frac{1}{m-1}}}{\displaystyle\sum_{l=1}^{c} \left(\dfrac{1}{\parallel x_j - w_l \parallel^2} \right)^{\frac{1}{m-1}}}, \quad i=1,\cdots,c; j=1,\cdots,N$$

$$\tag{3.3}$$

$$w_i = \frac{\displaystyle\sum_{j=1}^{n} (\mu_{ji})^m x_j}{\displaystyle\sum_{j=1}^{n} (\mu_{ji})^m}, \quad i=1,\cdots,c \tag{3.4}$$

步骤 1　给定类别数 c，参数 m，容许误差 $E_{\max}$ 的值。

步骤 2　随机初始化聚类中心：$w_i(1), i=1,2,\cdots,c$；令 $k=1$。

步骤 3　按式(3.3)计算隶属度 $\mu_{ji}(k), i=1,\cdots,c; j=1,\cdots,N$。

步骤 4　按式(3.4)修正所有的聚类中心 $w_i(k+1), i=1,\cdots,c$。

步骤 5　计算误差

$$e = \sum_{i=1}^{c} \parallel w_i(k+1) - w_i k \parallel^2 \tag{3.5}$$

如果 $e < E_{\max}$，则算法结束；否则，$k \leftarrow k+1$，转到步骤 3。

步骤 6　样本归类。算法结束后，可按下列方法将所有的样本进行归类：若

$\parallel x_j - w_i \parallel^2 < \parallel x_j - w_l \parallel^2, l = 1, 2, \cdots, c; l \neq i;$ 则将 x_j 归入第 i 类。

改进后算法的步骤 1 和步骤 2 如下所示：

步骤 1　给定参数 m，容许误差 E_{max} 的值和减法聚类参数，令 $k = 1$，调用减法聚类算法进行聚类。

步骤 2　将减法聚类得到的聚类中心 $\varphi_i (i = 1, 2, \cdots, p)$ 赋给 FCM 初始聚类中心，即

$$c = p, \quad w_i(1) \approx \varphi_i, \quad i = 1, 2, \cdots, c$$

步骤 3～步骤 6 与标准的 FCM 相同。在 MATLAB 的模糊逻辑工具箱中提供了标准 FCM 函数 fcm 和减法聚类函数 subclust，函数 fcm() 的调用格式为

```
[center,U,obj_fcn]=fcm(data,cluster_n,options)
```
其中，data 为给定数据集；cluster_n 为给定的聚类中心个数；options 为控制参数；center 为聚类后得到的聚类中心；U 为数据集对聚类中心的隶属度矩阵；obj_fcn 为目标函数值在迭代中的变化值。可以看出要实现改进后的算法，必须对 fcm 函数进行改造，分析 fcm 函数源文件可知，它通过调用 initfcm 函数来完成标准算法中步骤 1～步骤 3 的初始化，得到初始的 U。再通过循环调用 stepfcm 函数进行迭代计算。为此构造一个新的 FCM 函数：

```
[center,U,obj_fcn]=fcmnew(data,cen,options)
```
其中，cen 代表初始的聚类中心向量。在新函数中通过调用 size 函数求 cen 的行数来求得 cluster_n，并用下列语句替换 U = initfcm(cluster_n, data_n)，其他的不变：

```
dist=distfcm(cen,data);
                         %调用 distfcm 函数计算数据和聚类中心的距离
dist=dist+0.000005; %避免被 0 除
tmp1=dist.^(-2/(expo-1));
U=tmp1./(ones(cluster_n,1)*sum(tmp1));
```

此处有一个非常重要的问题，在减法聚类得到的聚类中心上必须添加一个微小量来得到 FCM 初始聚类中心，这是由于经过减法聚类后得到的聚类中心在数据点上，如果直接代入式(3.3)计算 U 时会出现被零除现象，使算法无法执行，因

此给 $\| x_j - w_l \|^2$ 加上 5×10^{-6}，从而保证算法在计算机上正确执行。由于数据在聚类前经过标准化，添加这个微小量对算法本身几乎没有影响。新构造的 fcm-new 是一个可以用减法聚类得到的聚类中心进行初始化的 FCM 函数。改进后的算法在 MATLAB 中的具体实现过程为，首先对样本数据用 subclust 函数进行减法聚类，再将得到的聚类中心作为参数调用 fcmnew 函数完成最终的聚类过程。

3.1.3　改进前后算法聚类结果比较

为了验证改进型聚类算法的性能，分别使用标准 FCM 算法和改进型聚类算法对 IRIS 标准数据进行聚类试验。IRIS 数据是国际公认的比较无监督分类算法效果的典型数据。IRIS 是一种鸢尾属植物，在数据记录中，每组数据包含 IRIS 花的四种属性：萼片长度、萼片宽度、花瓣长度和花瓣宽度，三种不同的花各有 50 组数据，这样总共有 150 组数据或模式[102,103]。在 MATLAB 中自带了 IRIS 数据文件 iris.dat，具体数据见附录，注意其中萼片长度、萼片宽度、花瓣长度和花瓣宽度都在原始值上乘以 10 以化为整数。

IRIS 标准数据在主频为 1.6GHz、内存为 256MHz 的 P4 计算机上分别用标准 FCM 和改进后算法聚类的比较结果如表 3.1 所示，其中，S_e 为收敛所需迭代次数的平均值；S_{max} 为收敛所用的最大迭代次数；T_e 为聚类所用的平均时间，单位为 s；n 为聚类中心个数。模糊指数都取 2，最大迭代次数 100，停止迭代的最小增量准则 I_{min} 取 10^{-5}。图 3.3 为 n 取 3 时用标准 FCM 算法对 IRIS 标准数据聚类的目标函数变化曲线；图 3.4 为同样条件下用改进后聚类算法对 IRIS 标准数据聚类的目标函数变化曲线；图 3.5 为两目标函数变化曲线的局部比较图。

表 3.1　改进前后聚类算法比较

n	标准 FCM			改进后算法		
	S_e	S_{max}	T_e/s	S_e	S_{max}	T_e/s
3	26	30	2.1647	19	19	1.7075
4	42	48	4.1418	36	36	3.3750
5	46	53	4.4102	26	26	2.8978
6	63	100	8.2678	27	27	3.3552
10	55	64	10.5590	34	34	7.2542

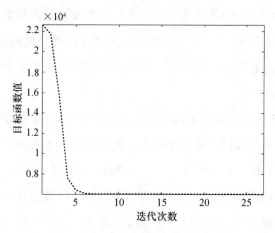

图 3.3　标准 FCM 目标函数变化曲线

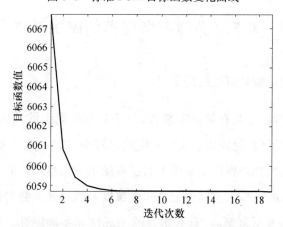

图 3.4　改进后模糊聚类算法目标函数变化曲线

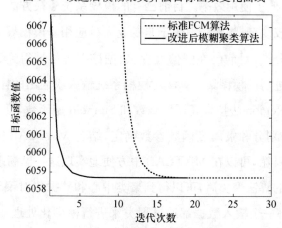

图 3.5　改进前后目标函数变化曲线比较

从表 3.1 以及图 3.3～图 3.5 可以看出,由于改进后模糊聚类算法使用减法聚类进行初始化,训练起始目标函数值大大减小,且相当接近最终目标函数值。也正是由于这个原因,改进后模糊聚类算法达到相同停止迭代的最小增量准则所需的收敛次数明显减少。

改进后算法的迭代次数明显减少,收敛速度加快,且更稳定。和标准算法相比,改进后算法可以通过设置减法聚类中各维的聚类中心在该维上的影响范围来确定最终的聚类中心个数,从而减少了由用户直接确定聚类中心个数的盲目性[109]。而采用相同停止迭代的最小增量准则时,改进前后算法的目标函数值相同,这是因为改进前后算法中决定聚类精度的算法都是 FCM 算法。

3.2　基于改进型模糊聚类的模糊系统建模

3.2.1　模糊系统建模新方法的提出

模糊逻辑系统由于其在解决非线性、复杂对象问题上的独到优势,目前已在各个工程领域获得了广泛应用。在实际应用过程中,如"水大了关小阀门,水小了开大阀门"这样的模糊规则由于基于人们已有的语言信息形式的常识或工程知识而比较明确。而输入、输出空间的划分和隶属度函数及其参数的确定却主要依靠个人经验,往往需要反复试凑,具有很大的主观性和不确定性。这增加了模糊系统的应用难度,降低了使用效率。目前已有的模糊系统建模方法主要面向 T-S 型模糊系统且计算较复杂[104～108],不便于非专业人员应用。模糊聚类算法可以对样本空间进行模糊分类,目前已在图像处理、数据挖掘等领域得到了诸多应用。在本研究中利用改进后的模糊聚类算法对模糊系统输入或输出的样本集聚类,对聚类结果用 Trust-Region 法拟合高斯型函数和 Sigmoid 型函数,可以实现模糊系统输入、输出空间的划分和隶属度函数参数确定,结合 MATLAB 的模糊工具箱和 Curve Fitting 工具箱,可以在 MATLAB 中方便地实现这一模糊系统建模方法。

经过改进后的算法聚类后,可以得到聚类中心和数据集对聚类中心的隶属度矩阵,但是若对每一个输入数据都通过聚类来进行模糊化处理,一方面由于聚类速度比较慢,会严重影响整个系统的控制性能;另一方面由于每次聚类所用的数据集有所不同,聚类后得到的聚类中心也会有所不同,会导致系统结构不稳定。因此在本研究中提出通过用聚类后得到的结果拟合常用的隶属度函数,取得隶属度函数的参数,用此隶属度函数为系统的隶属度函数,来实现系统建模[109]。在系统建模前,对输入和输出的采样要尽可能地全面。取系统一个输入的样本集,经过标准化后用改进后的聚类算法聚类,然后以经过标准化的样本数据为横坐标,样本数据对各个聚类中心的隶属度为纵坐标,绘制图形如图 3.6 所示。

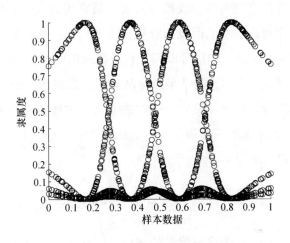

图 3.6　聚类得到的隶属度

从图 3.6 可以看出,经过改进后算法聚类得到的隶属度函数非常接近高斯型函数,这并非偶然现象,经过对多组数据进行聚类实验发现,当模糊指数取 2 时,采用改进后的算法和标准型 FCM 算法在一维上的聚类结果都具有这个特征。高斯型函数曲线光滑且没有零点,具有比较清晰的物理意义,是模糊系统中常用的隶属度函数之一。因此在本研究中采用高斯型函数作为要拟合的隶属度函数。需要注意在本研究中所用的方法与目前在 T-S 型模糊系统建模中常用的 FCM 方法的差异,在后者中通过对整个输入/输出数据集聚类,将获取的聚类矩阵向各个输入轴上进行投影,由于聚类结果存在各子空间相互重叠的现象,通常根据该子空间内隶属度值大于某一数值 μ_0 的数据点的宽度来估计隶属度函数的参数[110,111],或利用输入数据与聚类点的相应输入域值的相似测度直接计算隶属度[112]。这种方法存在初始聚类中心的选择问题,而且随输入变量数 n 的增大,系统的整体性能将变坏,逼近精度下降[113]。当对多维数据聚类时,聚类结果也不具有图 3.6 所示的特征。在本研究中采用改进后的模糊聚类算法对每个输入在各自样本空间上聚类，不存在上述问题。

3.2.2　拟合方法及其在 MATLAB 中的实现

曲线拟合方法总体上可以分为两类：有理论模型的曲线拟合和无理论模型的曲线拟合[114]。有理论模型的曲线拟合的目标是与数据的背景资料规律相适应的解析表达式。在有理论模型的曲线拟合方法中最常用的是基于最小二乘原理的曲线拟合方法。无理论模型的曲线拟合是指由几何方法或神经网络的拓扑结构确定数据关系的曲线拟合。如用分段圆弧代替曲线的圆弧法、BP 网络、B 样条函数网络等。在本研究中要用聚类结果拟合高斯型函数和 Sigmoid 型函数，属于有理论模型的曲线拟合，因此采用基于最小二乘原理的曲线拟合方法。

选取各观测点的残差平方和作为目标函数的拟合称为最小二乘曲线拟合。其目标函数 I 可以表示为

$$I = \sum_{i=0}^{n} r_i^2 = \sum_{i=0}^{n} \left[p(x_i, c_1, \cdots, c_m) - y_i \right]^2 \tag{3.6}$$

其中，$(x_i, y_i)(i=1, \cdots, n)$ 为观测数据对；$r_i(i=1, \cdots, n)$ 为残差；$p(x, c_1, \cdots, c_m)$ 为近似函数。

根据最小二乘原理[115]，求出使 I 取最小值的 $c_1, \cdots, c_m$ 的值，即为其最可信赖的值，从几何意义上讲，就是寻求与给定点 $(x_i, y_i)(i=1, \cdots, n)$ 的距离平方和为最小的曲线。

根据理论模型和应用对象的不同，最小二乘拟合又可分为线性最小二乘拟合、带权重的线性最小二乘拟合、鲁棒最小二乘拟合和非线性最小二乘拟合等。带权重的线性最小二乘拟合可以根据数据品质的不同调整对最终参数估计的影响，而鲁棒最小二乘拟合假设响应误差严格服从正态分布，在拟合中忽略奇异值。在本研究中要拟合的高斯型函数是一个典型的非线性函数，所以进行非线性最小二乘拟合。

非线性最小二乘拟合的过程实际上是一个最优化过程，常用的最优化方法有 Gauss-Newton 法、Levenberg-Marquardt 法和 Trust-Region 法等。Trust-Region 算法在解决疑难非线性问题上比目前的大多数算法更为有效，具有全局收敛性，

是比 Levenberg-Marquardt 法更为先进的算法,而 Levenberg-Marquardt 法已被长期使用并证明适合多数模型[116]。

在 MATLAB 的 Curve Fitting 工具箱里,提供了图形用户界面的曲线拟合工具 cftool,可以用 Trust-Region 和 Levenberg-Marquardt 等方法进行非线性曲线拟合。

图 3.7 所示为在 cftool 中采用 Levenberg-Marquardt 法,对图 3.6 中左边第二个隶属度函数对应数据拟合高斯型函数的结果。在本研究中通过实验发现采用 Trust-Region 法比 Levenberg-Marquardt 法在拟合中更有效。

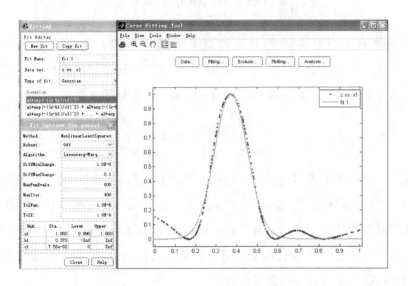

图 3.7　cftool 中 Levenberg-Marquardt 法拟合曲线

Trust-Region 法的基本思想[117]是,对于无约束最优化问题 $\min f(\boldsymbol{x})$,函数 f 接受矢量参数而返回标量值。假设 $\boldsymbol{x}$ 为 n 维空间的当前点,如果要移动到使 f 取更小值的点,使用 f 的梯度等信息建立一个简化的模型函数 q,虽然 q 只是一个 f 的不完善的逼近,但是在初始点的邻域 N 内可以认为是相当准确的,这个邻域 N 称为信任区域。接着通过求解式(3.7)所示的 N 上的最优化问题得到试探性步长 $\boldsymbol{s}$,这称为 Trust-Region 法的子问题:

$$\min_{\boldsymbol{s}}\{q(\boldsymbol{s}), \boldsymbol{s} \in N\} \tag{3.7}$$

如果 $f(\boldsymbol{x}+\boldsymbol{s}) < f(\boldsymbol{x})$,则当前点更新为 $\boldsymbol{x}+\boldsymbol{s}$,否则当前点保持不变,收缩信任

区域 N,并重新计算试探性步长 s。这一过程反复进行直到找到一个最合适的当前点。定义一个具体的 Trust-Region 法的关键在于如何选择和计算简化的模型函数 q,如何选择和修改信任区域 N,以及如何精确地解决 Trust-Region 法的子问题。

在标准的 Trust-Region 法中[118],二次逼近函数 q 由 x 点处函数 f 泰勒展开式的前两项定义。信任区域 N 通常呈球形或椭球形,Trust-Region 法子问题的典型表达形式为

$$\min\left\{\frac{1}{2}s^{\mathrm{T}}Hs + s^{\mathrm{T}}g,使得 \parallel Ds \parallel \leqslant \Delta\right\} \tag{3.8}$$

其中,g 为 f 在 x 点处的梯度;H 为海森矩阵;D 为收缩对角矩阵;Δ 为一正数;$\parallel \cdot \parallel$ 为求向量的 2-范数。对于式(3.8)的求解存在比较好的算法,这些算法通常都包括完整的特征系统计算和将牛顿法应用于求解特征方程:

$$\frac{1}{\Delta} - \frac{1}{\parallel s \parallel} = 0 \tag{3.9}$$

虽然这些算法提供了式(3.8)的精确解法,然而它们消耗的时间正比于矩阵 H 的分解因子数。因此对于复杂问题需要采用另一种方法。在文献[119]、[120]中提出了几种逼近和启发式策略。若 Trust-Region 法的子问题被限制在两维子空间 S,则一旦求出子空间 S,即使需要计算特征值或特征向量,由于在子空间中,问题只有两维,式(3.8)的求解将变得很简单。

两维子空间的确定可以由如下预条件共轭梯度法实现,令 $S=(S_1,S_2)$,其中 S_1 和梯度 g 的方向一致,而 S_2 或者沿近似牛顿方向,即是式(3.10)的解:

$$H \cdot S_2 = -g \tag{3.10}$$

或者沿负曲率方向

$$S_2^{\mathrm{T}} \cdot H \cdot S_2 < 0 \tag{3.11}$$

选择 S 的原理实际上是通过最速下降方向或负曲率方向强制全局收敛,并且当存在牛顿法步骤时,通过它实现快速局部收敛。MATLAB 的 Curve Fitting 工具箱中所用的 Trust-Region 法主要由如下四步构成:

步骤 1 构建两维子空间下 Trust-Region 法的子问题；

步骤 2 求解子问题得到试探性步长 s；

步骤 3 若 $f(x+s) < f(x)$，则 $x = x + s$；

步骤 4 调整 Δ。

上述四步反复执行直到算法收敛。

为了便于在算法中集成，在本研究中在算法中调用了 Curve Fitting 工具箱的核心命令行函数 fit() 和 fitoptions() 等来进行拟合，下面的语句是具体调用方法：

```
d=0:0.01:1;
ftype=fittype('gauss1');                    %设置曲线类型
opts=fitoptions('gauss1','Normalize','on');
opts.Lower=[0.99-Inf 0];                    %设置拟合参数
opts.Upper=[1 Inf Inf];
opts.MaxIter=2000;
opts.Algorithm='Trust-Region';             %设置算法类型
opts.Robust='on';
gfit=fit(x1,u(i,:)',ftype,opts)            %进行拟合
plot(d,gfit(d),'k','linewidth',2.4)        %绘制拟合曲线
```

其中，x_1 为样本集；$u(i,:)$ 为 x_1 对第 i 个聚类中心的隶属度函数。模糊系统中所用的高斯型隶属度函数为 $y = \exp\left(-\dfrac{(x-c)^2}{2\sigma^2}\right)$，而 curvefit 工具箱中 I 型高斯函数的模型为 $y = a_1 \exp\left(-\dfrac{(x-b_1)^2}{c_1^2}\right)$，为此在调用时通过 opts 的 Upper 和 Lower 属性将 a_1 限制在 0.99 到 1 之间（若都设为 1 则算法不能执行），经过拟合得到的 gfit 是一个包含高斯型函数参数信息的 fit 类型对象。图 3.8 为用 Trust-Region 法高斯型函数拟合聚类后隶属度的结果。

从图上可以看出，对中间两个聚类中心的逼近效果很好，两端的稍差，在很多应用中，两端的极限位置往往具有明确的物理意义，因此在这种情况下可以用 Sigmoid 型函数对两端进行拟合。图 3.9 为用 Trust-Region 法两端拟合 Sigmoid 型函数，中间拟合高斯型函数的结果。经过拟合得到的函数参数如表 3.2 所示[109]。

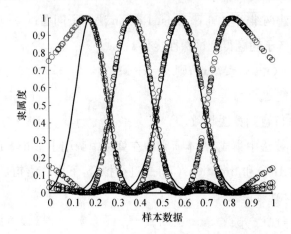

图 3.8　Trust-Region 法高斯型函数拟合结果

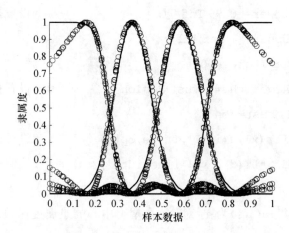

图 3.9　Trust-Region 法 Sigmoid 型和高斯型函数拟合结果

表 3.2　拟合得到的函数参数

序　号	函数类型	函数模型	拟合后参数
1	Sigmoid 型	$y=\dfrac{1}{1+\exp(-a_1(x-b_1))}$	$a_1=-41.25$ $b_1=0.2665$
2	高斯型	$y=a_1\exp\left(-\dfrac{(x-b_1)^2}{c_1^2}\right)$	$a_1=1$ $b_1=0.3732$ $c_1=0.1138$
3	高斯型	$y=a_1\exp\left(-\dfrac{(x-b_1)^2}{c_1^2}\right)$	$a_1=1$ $b_1=0.5915$ $c_1=0.1226$
4	Sigmoid 型	$y=\dfrac{1}{1+\exp(-a_1(x-b_1))}$	$a_1=35.76$ $b_1=0.7096$

在 MATLAB 中提供了高斯型函数 gaussmf() 用作隶属度函数,它的模型为

$$y = \exp\left(-\frac{(x-c)^2}{2\sigma^2}\right) \tag{3.12}$$

和拟合的模型在形式上略有不同。因此在使用中根据式(3.13)和式(3.14)进行转换:

$$\sigma = \frac{\sqrt{2}}{2}c_1 \tag{3.13}$$

$$c = b_1 \tag{3.14}$$

到此完成了隶属度函数类型及参数的确定和输入、输出空间的模糊划分,之后建立模糊规则即可实现整个模糊系统的设计。由于 T-S 型模糊系统的输出是精确量,可以将此方法用于 T-S 型模糊系统输入空间的划分和隶属度函数参数的确定。

3.3　模糊系统建模方法的验证

3.3.1　水箱水位控制系统模型

为了验证本书作者提出的模糊系统建模新方法的性能,将之应用于水箱水位控制。这是一个典型的模糊系统实际工程应用问题[51]。如图 3.10 所示,水箱有

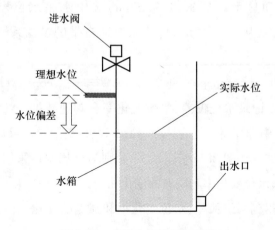

图 3.10　水箱水位控制示意图

一个进水口和一个出水口,可以通过进水阀来控制流入的水量。而水流出的速度取决于出水口的半径(定值)和水箱底部的压力(随水箱中的水位高度而变化),显然系统具有许多非线性特性。

要设计一个合适的进水阀控制器,能够根据水箱水位的实时测量结果对进水阀进行相应控制,使水位满足特定的要求,即特定的输入信号。一般情况下,控制器以水位偏差(理想水位和实际水位的差值)及水位变化率作为输入,输出的控制结果是进水阀打开或关闭的速度。

在 MATLAB 的 toolbox\fuzzy\fuzdemos 目录下提供了水箱水位控制模型文件 sltank. mdl 和通过参数试凑得到的模糊系统文件 tank. fis。可以选择以 PID (proportional integral derivative)控制或是自带的模糊系统控制,并可输出仿真动画。在本研究中将运用前面介绍的模糊系统建模新方法构建一个新的模糊系统,并对新构建的模糊系统、MATLAB 自带的模糊系统和 PID 控制这三种方法的仿真结果进行分析比较。

3.3.2　输入/输出样本集的获取

首先要获得系统输入和输出的样本集,为了使样本集具有代表性,要求数据在可能取值的范围内尽可能地变化。系统要求实际水位在 0.5~1.5 跟随理想水位变化,显然当理想水位采用 0.5~1.5 变化的方波时,水位偏差和水位变化率的幅值最大。输入和输出样本数据可以在系统采用 PID 控制时,从仿真过程用 scope 块获取和显示。图 3.11 为 Simulink 中水箱水位控制系统模型,将 switch 对应的 const 从-1 改为 1,即将系统从自带的模糊系统控制切换为 PID 控制。

加入 scopelevel、scopepid 两个 scope 块,则 scopelevel、changescope 和 scopepid 分别可以记录水位偏差、水位变化率和阀速数据。在 scope 的 parameters-data history 中选择将数据存入 workspace 的变量中,再调用 save 函数将变量的值存入数据文件。图 3.12~图 3.14 分别为理想水位采用 0.5~1.5 变化的方波时水位偏差、水位变化率和阀速的变化曲线。

从图中可以得到水位偏差、水位变化率和阀速的变化范围,也就得到了各模

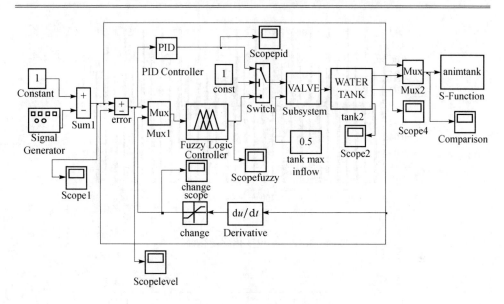

图 3.11　水箱水位控制系统模型

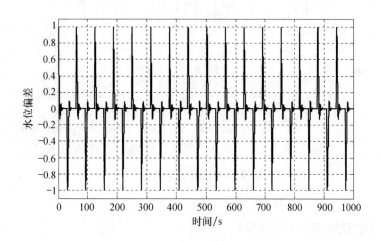

图 3.12　水位偏差变化曲线

糊语言变量的论域分别为[-1,1]、[-0.1,0.1]和[-100,100]。由于实际应用中理想水位可能在 0.5~1.5 连续变化,因此理想水位采用频率 0.1rad/s,以 1 为平衡位置,幅值依次为 0.1、0.2、0.3、0.4 和 0.5 的五种方波进行仿真,每种方波仿真 400s,取 400 组数据,共组成 2000 组数据作为样本数据。

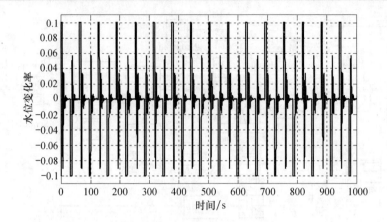

图 3.13　水位变化率变化曲线

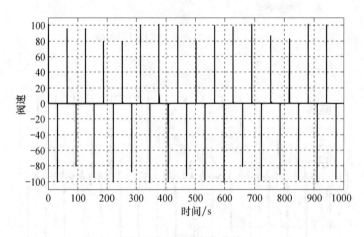

图 3.14　阀速变化曲线

3.3.3　水位控制模糊系统建模

　　对水位偏差、水位变化率和阀速分别在各自样本空间上用改进后的聚类算法(也可用标准 FCM 算法)进行聚类。为了与后续模糊规则相适应,调整聚类中心影响范围等参数使水位偏差、水位变化率和阀速聚类中心个数分别为 3、3 和 5。并对聚类后的结果用 Trust-Region 法中间拟合高斯型函数,两端拟合 S 型函数。图 3.15~图 3.17 分别为水位偏差、水位变化率和阀速的聚类及拟合曲线。

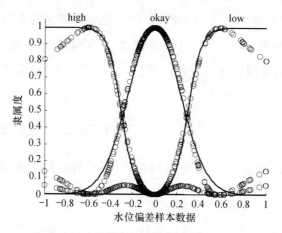

图 3.15　水位偏差样本数据聚类和拟合曲线

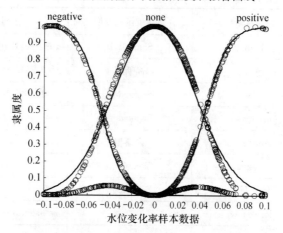

图 3.16　水位变化率样本数据聚类和拟合曲线

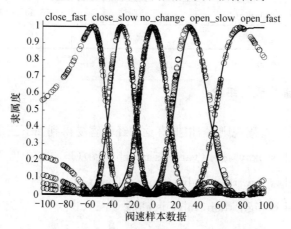

图 3.17　阀速样本数据聚类和拟合曲线

表 3.3 为拟合得到的水位偏差、水位变化率和阀速的隶属度函数参数。在 MATLAB 的模糊逻辑工具箱中依照这些参数构建一个新的模糊推理系统 tanknew. fis，模糊推理运算和自带的模糊系统采用相同的运算方法，即"and"和"implication"都采用积运算 Rp，"or"采用代数和 probor，即

$$\mu_{A\times B}(x,y) = \mu_A(x) + \mu_B(x) - \mu_A(x) \cdot \mu_B(x) \qquad (3.15)$$

"aggregation"也就是"also"采用并运算 max，解模糊方法采用 centroid 加权平均法。

表 3.3　拟合得到的隶属度函数参数

语言变量	语言真值	隶属度函数类型	隶属度函数参数
水位偏差	high	Sigmoid 型	$a=-16.18, c=-0.305$
	okay	高斯型	$\sigma=0.2343, c=0$
	low	Sigmoid 型	$a=16.99, c=0.2968$
水位变化率	negative	Sigmoid 型	$a=-101.3, c=-0.04785$
	none	高斯型	$\sigma=0.2343, c=0$
	positive	Sigmoid 型	$a=100.4, c=0.04605$
阀速	close_fast	Sigmoid 型	$a=-0.3304, c=-41.79$
	close_slow	高斯型	$\sigma=9.956, c=-27.86$
	no_change	高斯型	$\sigma=11.73, c=0$
	open_slow	高斯型	$\sigma=13.45, c=34.96$
	open_fast	Sigmoid 型	$a=0.1821, c=56.51$

3.3.4　控制性能比较与结论

最后需要建立模糊规则库，根据直觉和经验容易得到如下三条控制规则：

if(level is okay)then(valve is no_change)(1)

if(level is low)then(valve is open_fast)(1)

if(level is high)then(valve is close_fast)(1)

在 MATLAB 自带的模糊系统中删除最后两条规则,可以得到以上述三条模糊规则为规则库的模糊系统,在仿真中通过 scope 块 comparison 可以观察到水位控制曲线如图 3.18 所示。在新构建的模糊系统中添加上述三条模糊规则,并在 sltank. mdl 中将语句"PreLoadFcn ＂tank ＝ readfis（'tank'）;＂"中的"readfis（'tank'）"改为"readfis（'tanknew'）",即得到新模糊系统的控制模型,其水位控制曲线如图 3.19 所示,图 3.20 为采用 PID 控制时的水位控制曲线。

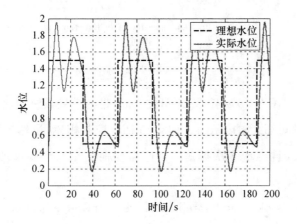

图 3.18　自带模糊系统三条模糊规则水位控制曲线

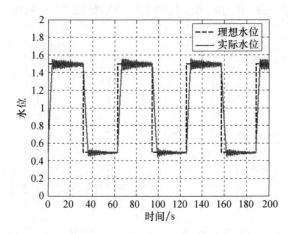

图 3.19　新模糊系统三条模糊规则水位控制曲线

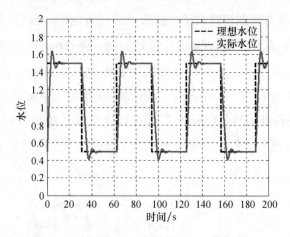

图 3.20　PID 水位控制曲线

对比图 3.18、图 3.19 和图 3.20 可知,和自带的模糊系统相比,新模糊系统的超调量和调节时间都大幅度减小。但是和 PID 控制相比,虽然超调量有所减小,但调节时间较长,且出现多次振荡。为此需要根据专家经验增加如下两条控制规则:

　　　　if(level is okay)and(rate is positive)then(valve is close_slow)(1)

　　　　if(level is okay)and(rate is negative)then(valve is open_slow)(1)

这两条规则即前面自带模糊系统删除的最后两条规则,增加这两条规则后,自带模糊系统和新模糊系统的水位控制曲线分别如图 3.21 和图 3.22 所示。

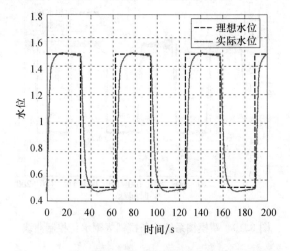

图 3.21　自带模糊系统五条模糊规则水位控制曲线

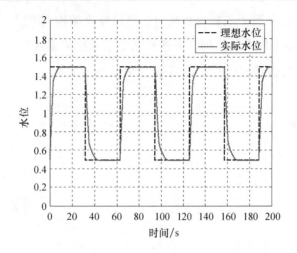

图 3.22　新模糊系统五条模糊规则水位控制曲线

　　分析控制曲线可知,采用五条模糊规则后自带的模糊系统在上升沿超调量几乎为 0,而下降沿超调量也比 PID 控制的小,而新构建的模糊系统在上升沿和下降沿都没有超调,且调节时间也最短,不存在振荡,具有最好的控制性能。这验证了模糊系统建模新方法的有效性,采用在本研究中提出的模糊系统建模新方法对模糊系统建模,不仅能有效地减少模糊空间划分和参数试凑的时间,而且系统更加精确。此方法适用范围较广,且便于实现,有助于提高模糊系统的应用效率。

3.4　本 章 小 结

　　本章首先在分析目前最常用的模糊 C 均值聚类和减法聚类算法的优缺点的基础上,结合二者提出了一种改进型的聚类算法。对 IRIS 数据的聚类结果表明改进后算法的迭代次数明显减少,收敛速度加快,且更稳定。

　　针对目前影响模糊系统应用效率的输入、输出空间的划分和隶属度函数参数确定问题,提出用改进后的聚类算法在每个输入/输出各自的样本空间上聚类,对聚类后的结果用 Trust-Region 法拟合高斯型函数和 Sigmoid 型函数,完成输入、输出空间的划分和隶属度函数参数确定。通过在水箱控制系统中的应用实例表明,采用在本研究中提出的模糊系统建模新方法对模糊系统建模,能有效地减少模糊空间划分和参数试凑的时间,且系统更加精确。

第 4 章　混合输入型模糊系统及其应用

4.1　混合输入型模糊系统的提出

模糊系统通常分为三类:纯模糊逻辑系统、T-S 型模糊逻辑系统以及 Mamda-ni 型模糊逻辑系统,本书 2.2 节对这三类模糊系统的原理进行了详细论述。纯模糊逻辑系统输入输出均为模糊集合,Mamdani 型模糊逻辑系统具有模糊产生器和模糊消除器,T-S 型模糊逻辑系统模糊规则的后项结论为精确值。

纯模糊逻辑系统不能用于输入和输出为精确值的实际工程中,T-S 型模糊逻辑系统由于输出可以用输入值的线性组合表示,计算简单,利于数学分析,可以利用参数估计的方法来确定系统参数。但由于其输出为精确值而非模糊语言真值,因而难以通过专家经验来构建模糊规则库。Mamdani 型模糊逻辑系统推理规则形式符合人们思维和语言表达的习惯,因而能方便地表达人类知识,缺点是计算较为复杂[51]。现有的模糊逻辑系统的输入全为精确值或全为模糊集合,本书作者提出了一种输入中精确值和模糊语言真值并存的模糊逻辑系统,对某些输入可以选择采用精确值或模糊语言真值的方式,其结构如图 4.1 所示。

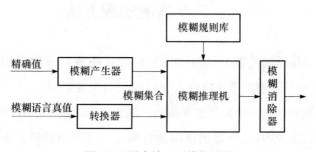

图 4.1　混合输入型模糊系统

它在 Mamdani 型模糊逻辑系统的基础上增加了转换器,转换器可以将输入的模糊语言真值转换为模糊集合,从而可以同时对系统输入精确值和模糊语言真值[121]。人们使用模糊系统的初衷是为了用机器模拟人类大脑的模糊推理功能,因而现有实际应用的模糊系统的输入量都是精确值,经过模糊产生器的模糊化后转换为模糊集合,再送至模糊推理机进行后续处理。然而在下列情况下,系统需要能输入模糊语言真值,可以选择以精确值或模糊语言真值的形式输入或者同时输入精确值和模糊语言真值:

(1) 模糊系统的规则库由大量专家经验组成,模糊系统构成了一个专家系统,专家系统的使用者对输入有定性的概念上的认识,但对专家经验毫无所知,要借助专家系统作出判断。如疾病诊断专家系统。

(2) 系统的某些输入量难以准确测得或根本无法测得,只能通过人的观察和经验有一个定性的认识。例如,在炼钢中钢水的温度难以测量,需要凭经验根据钢水结膜秒数来估算。又如,在人才招聘或入学考试中,除了笔试获得量化的成绩外,还要通过面试获得对素质、能力等得到定性的认识。

(3) 系统的某些输入量虽然可以测量,但测量过程繁琐、耗时,严重影响系统的运行效率,甚至根本不能满足系统要求。而通过操作者凭经验和知识估测,可以在一定范围内保证准确性,却能极大地提高系统效率。如精馏塔的产品浓度、发酵罐的菌体浓度等,需要用物理或化学方法,经过较大的时间间隔才完成一次。

混合输入型模糊系统的提出可以满足这些应用需要,并提高系统的灵活性和效率,具有重要的意义。

4.2 转换器的实现方法

以 MATLAB 模糊逻辑工具箱中自带的计算小费的模糊系统 tipper. fis 为例,输入都为精确量的模糊系统推理过程如图 4.2(见文后彩图)所示,精确量通过隶属度函数计算它对各个模糊语言真值的隶属度,完成模糊化的过程。

在混合输入系统中,转换器的作用是将模糊语言真值转换为模糊集合,它的实现可以有如下两种方法:

(1) 方法 1:对该模糊语言真值自身的隶属度取 1,对此语言变量其他模糊语言真值的隶属度都取 0。

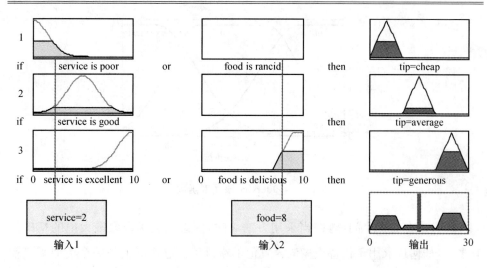

图 4.2 输入都为精确量的模糊系统推理过程

(2) 方法 2:取论域上该模糊语言真值隶属度函数最大值点对应的某个精确量代替该模糊语言真值,求出此精确量对语言变量其他模糊语言真值的隶属度,作为系统输入。

混合输入型模糊系统的推理过程如图 4.3(见文后彩图)所示,方法 1 和方法 2 得到的结果是相同的。然而当隶属度函数采用图 4.4 所示形式时,方法 1 和方法 2 得到的结果显然不同。

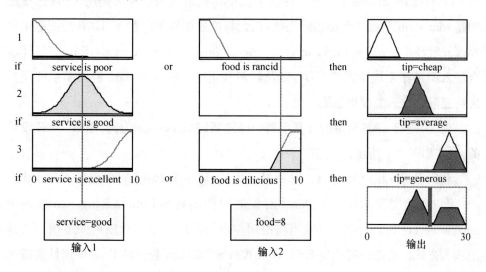

图 4.3 混合输入型模糊系统推理过程

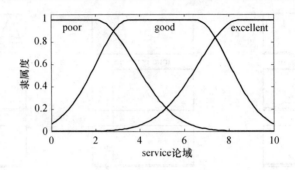

图 4.4　service 隶属度函数

　　而且还存在一个问题,即当采用方法 2 时,使隶属度函数取最大值的精确值有多个,如何选取用于代替模糊语言真值的精确值。这实际上是一个类似解模糊化的过程,可以采用平均最大隶属度法、最大隶属度取最大值法和最大隶属度取最小值法。

4.3　图形用户界面的设计

　　在混合输入型模糊系统中,为了便于使用者选择输入方式或选择某个模糊语言真值进行输入,常需要设计图形用户界面(graphics user interface,GUI)。在 MATLAB 的模糊逻辑工具箱中提供了大量模糊系统函数可供调用,可以方便地构建 Mamdani 型或 T-S 型模糊系统,在此将论述如何利用 MATLAB 的图形用户界面开发环境(graphics user interface development environment,GUIDE)设计混合输入型模糊系统所需的 GUI,以及如何利用已有的 Mamdani 型模糊系统函数来构建混合输入型模糊系统。

　　仍以 MATLAB 自带的计算小费的模糊系统 tipper. fis 为例,用 GUIDE 设计的 GUI 如图 4.5 所示。

　　利用 Radio Button 控件来选择输入方式,同一个 Panel 对象里的 Radio Button 可以自动实现互斥。在 Panel 对象的回调函数 SelectionChangeFcn 中调用 get(hobject,'Tag')函数,判断当前得到焦点的控件 Tag 属性就可知道用户选择的输入方式。通过设置相应 Edit Text 控件和 Listbox 控件的 Enable 属性实现两种方式的互锁,避免用户误操作。如"service" Panel 对象的回调函数如下:

Panel对象　　　Listbox对象　　　Radio Button对象　　Edit Text对象

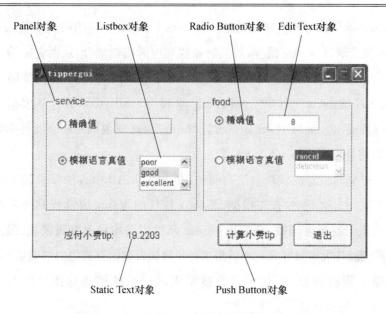

Static Text对象　　　　　Push Button对象

图 4.5　计算小费的混合输入型模糊系统 GUI

```
function uipanelser_SelectionChangeFcn(hObject,eventdata,
    handles)
```

global ws;　　　　　　　　%变量 ws 代表输入方式,0 为精确值,1
　　　　　　　　　　　　　%为模糊语言真值

switch get(hobject,'Tag')　%获取被选对象的 Tag 属性

　　case 'serjin'　　　　　%"精确值"Radio Button 对象被选择

　　　　set(handles.lbser,'Enable','off');

　　　　set(handles.edser,'Enable','on');

　　　　ws=0;

　　case 'sermo'　　　　　%"模糊语言真值"Radio Button 对象
　　　　　　　　　　　　　%被选择

　　　　set(handles.lbser,'Enable','on');

　　　　set(handles.edser,'Enable','off');

　　　　ws=1;

　　end

在 Edit Text 控件的 callback 函数中用 get 函数获取 string 属性,再经过

string2num 函数就可转换成精确输入量。在 Listbox 控件的回调函数 callback 中用 get 函数获取其 Value 属性,将其转换成对应的模糊集合,从而完成输入量的识别和转换。在"计算小费 tip"Push Button 对象的回调函数中,首先调用 readfis() 函数,读入存储在 fis 文件中的模糊系统,再调用 evalfis() 函数计算根据用户输入系统的推理输出。最后用 set 函数设置 Static Text 对象的 string 属性为推理输出的 tip 值,将输出显示在 GUI 上。

前面提到转换器的实现方法有两种,在 MATLAB 中方法 2 要较方法 1 容易实现。当采用方法 2 时,首先根据 Listbox 控件的 Value 属性找到与之对应的模糊语言真值的隶属度函数,再调用 defuzz 函数用平均最大隶属度法、最大隶属度取最大值法或最大隶属度取最小值法求得代替该模糊语言真值的精确量。evalfis() 函数的输入为精确量,因此可以直接调用求得系统推理输出。如"service"选"good"时,处理程序如下:

```
……
x=0:0.1:10;
    switch fservalue                    %"service" Listbox 对象
                                         %的 Value 属性
        case 1                           %"poor"被选中
            mf=gaussmf(x,[1.5 0]);       %"poor"对应的隶属度函数
            fser=defuzz(x,mf,'mom');     %平均最大隶属度法转为精
                                         %确值
        case 2                           %"good"被选中
            mf=gaussmf(x,[1.5 5]);       %"good"对应的隶属度函数
            fser=defuzz(x,mf,'mom');     %mom 可换为 som,lom
    ……
    fismat=readfis('tipper.fis');        %读入模糊系统结构
    tip=evalfis([fser ffo],fismat);      %计算系统输出
    ……
```

若采用方法 1,需要对 evalfis() 函数进行修改,使之可以输入模糊语言真值。分析 evalfis.m 可知,其通过调用 evalfismex.dll 实现核心算法,对\fuzzy\fuzzy\

src 目录下 evalfismex. c、evaluate. c 中的函数 mexFunction( )、fisEvaluate( )和
fisComputeInputMfValue( )修改可以实现这一功能。在本书后续的研究中使用
方法 2 来实现转换器。图 4.6(见文后彩图)为计算小费的 Mamdani 型模糊系统
输入输出特性曲面,图 4.7(见文后彩图)为"service"以模糊语言真值输入、"food"
以精确值输入的混合输入型模糊系统的输入输出特性曲面。

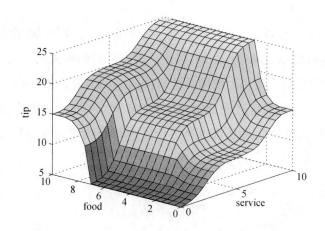

图 4.6　Mamdani 型模糊系统输入输出特性曲面

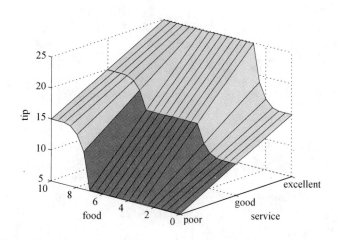

图 4.7　混合输入型模糊系统输入输出特性曲面

　　对比图 4.6 和图 4.7 可知,虽然混合输入型模糊系统的输入输出特性曲面不
如 Mamdani 型模糊系统的输入输出特性曲面精细,但基本趋势一致,说明所建立

的混合输入型模糊系统是有效的。混合输入型模糊系统的优点是可以通过牺牲少许精度来换取系统效率的大幅度提高,因为它抓住了模糊推理系统最本质的部分。

4.4　本章小结

　　本章提出了一种新型的模糊系统——混合输入型模糊系统,详细介绍了混合输入型模糊系统的结构和应用范围,讨论了转换器的两种实现方法。详述了如何利用 GUIDE 设计混合输入型模糊系统所需的 GUI,以及如何利用已有的 Mamdani 型模糊系统函数来构建混合输入型模糊系统。通过小费计算系统的应用实例说明,混合输入型模糊系统可以通过牺牲少许精度来换来系统效率的大幅度提高。

第 5 章　ANFIS 的改进和应用研究

5.1　ANFIS 的改进

5.1.1　ANFIS 改进算法的提出

由于能模仿人类的学习和推理能力,人工神经网络和模糊推理系统在越来越多的工程领域得到了应用。ANFIS 利用神经网络的学习机制和自适应能力对模糊系统进行建模,从对大量数据的学习中得到系统的隶属度函数和模糊规则。因此对于缺乏或难以获取定性的知识和经验的复杂系统,ANFIS 有着独到的优势。凭借自学习能力,ANFIS 可以随应用环境的变化扩充模糊规则库,增强了系统的灵活性和适应能力。目前 ANFIS 已在非线性系统建模与预报、指纹识别等多个领域得到成功应用[122~124]。

由于 T-S 型模糊推理系统计算简单,且便于和优化、自适应方法结合,因此Jang 提出的 ANFIS 基于 T-S 模型[36]。在 ANFIS 中,决定每个输入各语言变量隶属度函数形状的参数称为前件参数,输出为各个输入的线性组合,其系数等参数称为后件参数。这些参数模仿神经网络在计算系统输出和目标输出的误差后通过反向传播(BP)算法调整。调整方法有两种,纯 BP 法中前件参数和后件参数都用 BP 算法调整,采用混合法时,前件参数通过 BP 算法调整,后件参数通过最小二乘法调整。在第 2 章详细介绍了 ANFIS 的原理和 BP 算法的各种改进方法。

具体哪种 BP 算法的改进形式在解决某个问题时的收敛速度最快,受问题的复杂性、训练集数据点数、网络权重数、目标误差和待解决问题的类型等多个因素影响。通过采用各种算法在解决六种不同问题上进行大量的对比试验可知[57]:对于函数逼近问题,当网络权重在数百以内时,LM 法收敛最快。对于模式识别问题,弹性 BP 法收敛速度最快,但随着训练精度的提高,其性能下降较其他算法快。共轭梯度法尤其是比例共轭梯度(SCG)法对解决各类问题都有较好的性能,在网络权重数多或要求训练精度高时 SCG 法的性能甚至超过了最快的 LM 法和弹性 BP 法。由于 Fletcher-Reeves update 共轭梯度法也有较好的性能,和 SCG 法相比又便于实现,因此本书作者先后采用 Fletcher-Reeves update 共轭梯度法和 SCG 法对 ANFIS算法进行改进以提高系统的收敛速度。

5.1.2　用 Fletcher-Reeves update 法改进的 ANFIS

标准的 BP 算法沿着目标函数下降最快的方向即负梯度方向来调整权值,单步的算法如下:

$$W_{n+1} = W_n + \alpha_n G_n = W_n - \alpha_n \nabla f(W_n) \tag{5.1}$$

其中,W_n 为当前的权重矢量;$\nabla f(W_n)$ 为当前梯度;α_n 为学习速率。

共轭梯度法第一步也是沿着负梯度方向搜索,$D_0 = G_0 = -\nabla f(W_0)$,接着进行线性搜索以确定沿当前搜索方向移动的最优距离:

$$W_{n+1} = W_n + \alpha_n D_n \tag{5.2}$$

下一步的搜索方向结合最新的负梯度方向和上一步的搜索方向:

$$D_n = G_n + \beta_n D_{n-1} \tag{5.3}$$

其中,D_n 为共轭梯度法的搜索方向。不同的共轭梯度法 β_n 的计算方法不同,在 Fletcher-Reeves update 法中按式(5.4)计算:

$$\beta_n = \frac{G_n^{\mathrm{T}} G_n}{G_{n-1}^{\mathrm{T}} G_{n-1}} \tag{5.4}$$

在 MATLAB 中提供了基于标准 ANFIS 算法的函数 anfis,可以通过设置参数 optmethod 选择训练使用混合算法还是 BP 法。anfis 函数通过调用 anfismex.dll 来实现核心算法,anfismex.dll 的 C 语言源文件在 toolbox\fuzzy\fuzzy\src 目录,分析源代码可知,搜索方向判断过程在 anfislearning 函数中实现,在此按照 Fletcher-Reeves update 法对 anfislearning 函数进行改造。

另外,在搜索过程中,需要对方向进行修正,否则将导致算法不能收敛。修正的方法为每当训练次数为权重数的整数倍时，β_n 取零。同时在训练的每一步进行判断，如果 $\nabla f(W_n)^{\mathrm{T}} D_n \geqslant 0$，则 $D_n = -\nabla f(W_n)$，即新的搜索方向用负梯度方向，从而保证总是沿着误差下降的方向搜索[125]。按 Fletcher-Reeves update 法修改后的 anfislearning 函数部分源码如下：

```
    ……
    for(i=0;i<fis->epoch_n;i++)
      { if(i==0)                    //第一步仍沿着负梯度方向搜索
        { if(fis->method==0)        //BP 法
          { anfisOneEpoch0(fis,i);
            length=0;
          from=fis->in_n;
          to=fis->node_n-1;
            for(mi=from;mi <=to;mi++)
            for(mj=0;mj <fis->node[mi]->para_n;mj++)
            length+=pow(fis->node[mi]->de_dp[mj],2.0);
          lengthold=length;         //保存 G₀ᵀG₀
          length=sqrt(length);
                                    //按梯度法更新参数
          for(mi=from;mi <=to;mi++)
            for(mj=0;mj <fis->node[mi]->para_n;mj++)
            {fis->node[mi]->para[mj]-=fis->ss*fis->node[mi]-
              >de_dp[mj]/length;
                                    //保存 D₀
            fis->node[mi]->de_dpold[mj]=-fis->node[mi]->de_dp
            [mj];
            }
          }
        else                        //混合法
            {
```

```
        anfisOneEpoch1(fis,i);
    }
    /*在必要时更新最小训练误差 */
    if(fis->trn_error[i] <fis->min_trn_error)
    {
        fis->min_trn_error=fis->trn_error[i];
        for(k=0;k <fis->para_n;k++)
            fis->trn_best_para[k]=fis->para[k];
    }
    /*在必要时更新最小校验误差 */
    if(fis->chk_data_n ! =0)
        if(fis->chk_error[i] <fis->min_chk_error)
        {
            fis->min_chk_error=fis->chk_error[i];
            /*record best parameters so far */
            for(k=0;k <fis->para_n;k++)
                fis->chk_best_para[k]=fis->para[k];
        }
    if(fis->display_error)
    if(fis->chk_data_n !=0)
        PRINTF("%4d \t%g \t%g\n",i+1,fis->trn_error[i],
            fis->chk_error[i]);
    else
        PRINTF("%4d \t%g\n",i+1,fis->trn_error[i]);
    /*当目标误差达到时停止训练 */
    if(fis->min_trn_error <=fis->trn_error_goal)
    {
        fis->actual_epoch_n=i+1;
        if(fis->display_error)
```

```
    PRINTF("\nError goal(%g) reached-->ANFIS train-
       ing completed at epoch %d.\n\n",fis->trn_error
       _goal,fis->actual_epoch_n);
    return;
}
/*更新参数 */
if(fis->method==1)
{
  length=0;
  from=fis->in_n;
  to=fis->layer[2]->index-1;
  for(mi=from;mi <=to;mi++)
      for(mj=0;mj <fis->node[mi]->para_n;mj++)
      length+=pow(fis->node[mi]->de_dp[mj],2.0);
      lengthold=length;
      length=sqrt(length);
        for(mi=from;mi <=to;mi++)
        for(mj=0;mj <fis->node[mi]->para_n;mj++)
          {fis->node[mi]->para[mj]-=
          fis->ss*fis->node[mi]->de_dp[mj]/length;
           fis->node[mi]->de_dpold[mj]=-fis->node[mi]-
             > de_dp[mj];
          }
}
/*调整步长 */
fis->ss_array[i]=fis->ss;        /*存储步长 */
anfisUpdateStepSize(fis,i);   /*更新步长 */
}
else                                //不是第一步
```

```
{ if(fis->method==0)                     //BP 法
  {anfisOneEpoch0(fis,i);
   length=0;
   dper=0;
   dped=0;
   from=fis->in_n;
   to=fis->node_n-1;
     for(mi=from;mi <=to;mi++)
       for(mj=0;mj <fis->node[mi]->para_n;mj++)
         length+=pow(fis->node[mi]->de_dp[mj],2.0);
      lengthnew=length;                 //计算 $G_n^T G_n$
      if(i%fis->para_n==0)              //训练次数为权重数的整
                                        //数倍
       z=0;
      else
         z=lengthnew/lengthold;  //计算 $\beta_n$
      length=sqrt(length);
      lengthold=lengthnew;             //保存 $G_{n-1}^T G_{n-1}$
      for(mi=from;mi <=to;mi++)
        for(mj=0;mj <fis->node[mi]->para_n;mj++)
                                        //计算 $\nabla f(W_n)^T D_n$
        dper=dper+fis->node[mi]->de_dp[mj]* (-fis->node
          [mi]->de_dp[mj]+
              z*fis->node[mi]->de_dpold[mj]);
        if(dper>=0)                      //$\nabla f(W_n)^T D_n \geqslant 0$,则仍沿
                                        //着负梯度方向搜索
        {for(mi=from;mi <=to;mi++)
         for(mj=0;mj <fis->node[mi]->para_n;mj++)
         {fis->node[mi]->para[mj]-=fis->ss* fis->node[mi]-
```

```
            >de_dp[mj]/length;
         fis->node[mi]->de_dpold[mj]=-fis->node[mi]->de_
            dp[mj];                            //保存 Dn-1
        }
      }
    else                                    //否则按共轭梯
                                            //度法更新参数
       { for(mi=from;mi <=to;mi++)
           for(mj=0;mj <fis->node[mi]->para_n;mj++)
           dped+=pow(-fis->node[mi]->de_dp[mj]+
                 z*fis->node[mi]->de_dpold[mj],2);
         for(mi=from;mi <=to;mi++)
           for(mj=0;mj <fis->node[mi]->para_n;mj++)
          {
          fis->node[mi]->para[mj]-=fis->ss/sqrt(dped)*
          (fis->node[mi]->de_dp[mj]-z*fis->node[mi]->de
           _dpold[mj]);
          fis->node[mi]->de_dpold[mj]=-fis->node[mi]->
           de_dp[mj]+
            z*fis->node[mi]->de_dpold[mj];//保存 Dn-1
          }
        }
    }
else                                        //混合法
  {
  anfisOneEpoch1(fis,i);
  }
/*在必要时更新最小训练误差 */
if(fis->trn_error[i] <fis->min_trn_error)
```

```
{
    fis->min_trn_error=fis->trn_error[i];
    for(k=0;k <fis->para_n;k++)
    fis->trn_best_para[k]=fis->para[k];
}
/*在必要时更新最小校验误差 */
if(fis->chk_data_n !=0)
    if(fis->chk_error[i] <fis->min_chk_error)
    {
        fis->min_chk_error=fis->chk_error[i];
        /*存储下目前最好的参数 */
        for(k=0;k <fis->para_n;k++)
            fis->chk_best_para[k]=fis->para[k];
    }
if(fis->display_error)
if(fis->chk_data_n !=0)
    PRINTF("%4d \t%g \t%g\n",i+1,fis->trn_error[i],
        fis->chk_error[i]);
else
    PRINTF("%4d \t%g\n",i+1,fis->trn_error[i]);
/*当目标误差达到时停止训练 */
if(fis->min_trn_error <=fis->trn_error_goal)
{
    fis->actual_epoch_n=i+1;
    if(fis->display_error)
    PRINTF("\nError goal(%g)reached-->ANFIS training
        completed at epoch%d. \n\n",fis->trn_error_goal,
        fis->actual_epoch_n);
    return;
```

```
}
/*更新参数 */
if(fis->method==1)
{       length=0;
        dper=0;
        dped=0;
        from=fis->in_n;
        to=fis->layer[2]->index-1;
        for(mi=from;mi <=to;mi++)
        for(mj=0;mj <fis->node[mi]->para_n;mj++)
          length+=pow(fis->node[mi]->de_dp[mj],2.0);
        lengthnew=length;
        if(i%fis->para_n==0)
        z=0;
        else
        z=lengthnew/lengthold;
        length=sqrt(length);
        lengthold=lengthnew;
        for(mi=from;mi <=to;mi++)
        for(mj=0;mj <fis->node[mi]->para_n;mj++)
        per=dper+fis->node[mi]->de_dp[mj]* (-fis->node
          [mi]->de_dp[mj]+z*
          fis->node[mi]->de_dpold[mj]);
        if(dper>=0)
        {for(mi=from;mi <=to;mi++)
         for(mj=0;mj <fis->node[mi]->para_n;mj++)
           {fis->node[mi]->para[mj]-=
           fis->ss*fis->node[mi]->de_dp[mj]/length;
           fis->node[mi]->de_dpold[mj]=-fis->node[mi]->
```

```
                de_dp[mj];
            }
        }
        else
        {
        /*更新参数 */
            for(mi=from;mi <=to;mi++)
            for(mj=0;mj <fis->node[mi]->para_n;mj++)
            dped+=pow(-fis->node[mi]->de_dp[mj]+z*
            fis->node[mi]->de_dpold[mj],2);
            for(mi=from;mi <=to;mi++)
            for(mj=0;mj <fis->node[mi]->para_n;mj++)
            {
            fis->node[mi]->para[mj]-=
            fis->ss*(fis->node[mi]->de_dp[mj]-z*
            fis->node[mi]->de_dpold[mj])/sqrt(dped);
            fis->node[mi]->de_dpold[mj]=-fis->node[mi]->de
              _dp[mj]+z*
            fis->node[mi]->de_dpold[mj];
            }
        }
        /*调整步长 */
        fis->ss_array[i]=fis->ss;                    /*存储步长*/
        anfisUpdateStepSize(fis,i);                  /*更新步长 */
    }
}
        ......
```

在 MATLAB 的命令行下用 mex 命令可以对 C 语言源程序进行编译[126]，将改进后的 C 语言算法源文件调用 mex 命令编译成 dll,之后即可在 MATLAB 中被其他函数调用。将 mexFunction 所在的源文件重命名后,构建一个新的 anfis-frumex. dll,将 anfis 函数中调用的 anfismex 函数替换成 anfisfrumex,就可以得到改进后的 ANFIS 函数 anfisfru。

5.1.3 用比例共轭梯度法改进的 ANFIS

在共轭梯度法中,除了首次搜索沿着负梯度方向外,每次的搜索方向都和前次的搜索方向共轭,采用这种方法通常可以得到比标准 BP 算法更快的收敛速度。在 Fletcher-Reeves update 等共轭梯度法中,沿着新的搜索方向进行线性搜索以确定最佳的步长即学习速率。学者 Moller 提出的比例共轭梯度(scaled conjugate gradient,SCG)法结合信任区域法和共轭梯度法,避免耗时的线性搜索过程以提高收敛速度。其算法流程如下[64,127]:

步骤 1 当 $n=0$,初始化权重矢量 $\boldsymbol{W}_0$ 和参数 $0<\sigma<10^{-4}$,$0<\rho_0<10^{-6}$,$\bar{\rho}_0=0$,令布尔变量 success=true,求出首次的搜索方向

$$\boldsymbol{D}_0 = \boldsymbol{G}_0 = -\nabla f(\boldsymbol{W}_0) \tag{5.5}$$

步骤 2 如果 success=true,计算二阶信息为

$$\sigma_n = \frac{\sigma}{\|\boldsymbol{D}_n\|} \tag{5.6}$$

$$\boldsymbol{S}_n = \frac{\nabla f(\boldsymbol{W}_n + \sigma_n\boldsymbol{D}_n) - \nabla f(\boldsymbol{W}_n)}{\sigma_n} \tag{5.7}$$

$$\theta_n = \boldsymbol{D}_n^{\mathrm{T}}\boldsymbol{S}_n \tag{5.8}$$

步骤 3 伸缩 θ_n,有

$$\theta_n = \theta_n + (\rho_n - \bar{\rho}_n)\|\boldsymbol{D}_n\|^2 \tag{5.9}$$

步骤 4 如果 $\theta_n \leqslant 0$,则使海森矩阵正定:

$$\bar{\rho}_n = 2\left(\rho_n - \frac{\theta_n}{\|\boldsymbol{D}_n\|^2}\right) \tag{5.10}$$

$$\theta_n = -\theta_n + \rho_n\|\boldsymbol{D}_n\|^2 \tag{5.11}$$

$$\rho_n = \bar{\rho}_n \tag{5.12}$$

步骤 5　计算步长：

$$\xi_n = \boldsymbol{D}_n^{\mathrm{T}} \boldsymbol{G}_n \tag{5.13}$$

$$\alpha_n = \frac{\xi_n}{\theta_n} \tag{5.14}$$

步骤 6　计算比较参数 C_n：

$$C_n = 2\theta_n \frac{f(\boldsymbol{W}_n) - f(\boldsymbol{W}_n + \alpha_n \boldsymbol{D}_n)}{\xi_n^2} \tag{5.15}$$

步骤 7　更新权重和搜索方向。若 $C_n > 0$，可以成功地进行一次更新

$$\boldsymbol{W}_{n+1} = \boldsymbol{W}_n + \alpha_n \boldsymbol{D}_n \tag{5.16}$$

$$\boldsymbol{G}_{n+1} = -\nabla f(\boldsymbol{W}_{n+1}) \tag{5.17}$$

$$\bar{\rho}_n = 0, \quad \text{success} = \text{true}$$

如果 n 为 N 的整数倍，则重新启动算法，令

$$\boldsymbol{D}_{n+1} = \boldsymbol{G}_{n+1} \tag{5.18}$$

否则

$$\beta_n = (\|\boldsymbol{G}_{n+1}\|^2 - \boldsymbol{G}_{n+1}^{\mathrm{T}} \boldsymbol{G}_n)/\xi_n \tag{5.19}$$

$$\boldsymbol{D}_{n+1} = \boldsymbol{G}_{n+1} + \beta_n \boldsymbol{D}_n \tag{5.20}$$

若 $C_n \geqslant 0.75$，则

$$\rho_n = \rho_n/4$$

否则

$$\bar{\rho}_n = \rho_n, \quad \text{success} = \text{false}$$

步骤 8　如果 $C_n < 0.25$，则

$$\rho_n = \rho_n + \theta_n(1 - C_n)/\|\boldsymbol{D}_n\|^2 \tag{5.21}$$

若最速下降的方向 $\boldsymbol{G}_n \neq \boldsymbol{0}$，令 $n = n+1$，返回步骤 2；否则结束程序，返回 $\boldsymbol{W}_{n+1}$

作为理想值。

　　分析 anfismex. dll 的 C 语言源文件可知,在 MATLAB 的 ANFIS 训练算法中采用自适应学习率法对 BP 算法进行了改进[128]。它的基本思想是,判断每次的训练误差和上次相比是否减小来决定是否增加或减少学习速率,若误差连续几次都减小则增大步长,出现振荡则减小步长,否则保持不变。从算法流程中可以看出在 SCG 法中步长 α_n 利用性能函数的二阶信息计算得出,和自适应学习率法相比,它避免了由于初始值或增减比例设置不当而可能造成的振荡。

　　要构造一个新的基于 SCG 算法的 ANFIS 函数 anfisscg,需要先构造一个新的核心训练算法库 anfisscgmex. dll。在 anfismex. dll 源代码的基础上按上述 SCG 算法的流程进行修改,修改主要针对文件 learning. c 中的函数 anfislearning,按 SCG 法修改后的 anfislearning 函数部分源码如下:

```
      ……
      for(i=0;i <fis->epoch_n;i++)
        { if(fis->method==0)                    //BP 法
          { from=fis->in_n;
          to=fis->node_n-1;
          if(i==0)                              //n=0
            {
            anfisOneEpoch0(fis,i);
             nrmsqr_dX=0;
            for(mi=from;mi <=to;mi++)
            for(mj=0;mj <fis->node[mi]->para_n;mj++)
          { fis->node[mi]->de_dpold[mj]=fis->node[mi]->de_
            dp[mj];
            fis->node[mi]->pk[mj]=fis->node[mi]->de_dp[mj];
                                        //首次搜索方向
            nrmsqr_dX+=pow(fis->node[mi]->pk[mj],2.0);
            }
            norm_dX=sqrt(nrmsqr_dX);          //计算 ‖D₀‖
```

```
        sigma=0.00005;lambdak=0.0000005;//初始化 σ、ρ₀ 等参
                                                    //数

     lambdab=0;success=1;

     }

   if(success==1)                          //若 success=true
   { sigmak=sigma/norm_dX;                 //求 σₙ
    for(mi=from;mi <=to;mi++)
     for(mj=0;mj <fis->node[mi]->para_n;mj++)
    { fis->node[mi]->paraorg[mj]=fis->node[mi]->para
     [mj];
     fis->node[mi]->de_dporg[mj]=fis->node[mi]->de_dp
     [mj];
     fis->node[mi]->para[mj]+=sigmak*fis->node[mi]->
     pk[mj];                              //Wₙ+σₙDₙ

    }

  anfisOneEpoch00(fis,i);
  deltak=0;
  for(mi=from;mi <=to;mi++)
   for(mj=0;mj <fis->node[mi]->para_n;mj++)
   {deltak+=(fis->node[mi]->pk[mj]*(fis->node[mi]->
    de_dp[mj]-
          fis->node[mi]->de_dporg[mj]))/sigmak;
                                         //θₙ=DₙᵀSₙ

    }

   for(mi=from;mi <=to;mi++)
    for(mj=0;mj <fis->node[mi]->para_n;mj++)
    {
     fis->node[mi]->para[mj]=fis->node[mi]->paraorg
     [mj];
```

```
    fis->node[mi]->de_dp[mj]=fis->node[mi]->de_
    dporg[mj];
}
}
deltak+=(lambdak-lambdab)*nrmsqr_dX   //伸缩 θ_n
if(deltak<=0)                          //如果 θ_n≤0,
                                       //则使海森矩
                                       //阵正定
{lambdab=2*(lambdak-deltak/nrmsqr_dX);
 deltak=-deltak+lambdak*nrmsqr_dX;
 lambdak=lambdab;                      //ρ_n=ρ̄_n
}
muk=0;
for(mi=from;mi <=to;mi++)
 for(mj=0;mj <fis->node[mi]->para_n;mj++)
   muk-=fis->node[mi]->pk[mj]*
        fis->node[mi]->de_dp[mj];      //ξ_n=D_n^T G_n
 alphak=muk/deltak;
 ewk=anfisComputeTrainingError0(fis);
 for(mi=from;mi <=to;mi++)
  for(mj=0;mj <fis->node[mi]->para_n;mj++)
   fis->node[mi]->paraorg[mj]=fis->node[mi]->para
   [mj];
 for(mi=from;mi <=to;mi++)
  for(mj=0;mj <fis->node[mi]->para_n;mj++)
   fis->node[mi]->para[mj]+=alphak*
        fis->node[mi]->pk[mj];    //W_n+σ_n D_n
 difk=(2.0*deltak*(ewk-anfisComputeTrainingEr-
   ror0(fis)))
```

```
                          /(pow(muk,2.0));      //计算比较参数 Cₙ,
        if(difk>=0)                             //Cₙ>0,可以成功
                                                //地进行一次更新

        {for(mi=from;mi <=to;mi++)
         for(mj=0;mj <fis->node[mi]->para_n;mj++)
         fis->node[mi]->de_dpold[mj]=fis->node[mi]->de_
          dp[mj];
         anfisOneEpoch0(fis,i);
         lambdab=0;
         success=1;
         if(i%fis->para_n==0)                   //若 n 为 N 的整数
                                                //倍,则重新启动算
                                                //法
         {for(mi=from;mi <=to;mi++)
          for(mj=0;mj <fis->node[mi]->para_n;mj++)
          fis->node[mi]->pk[mj]=-fis->node[mi]->de_dp[mj];
         }
        else
        {betak=0;
         for(mi=from;mi <=to;mi++)
          for(mj=0;mj <fis->node[mi]->para_n;mj++)
                                           //求 βₙ
            betak+=(fis->node[mi]->de_dp[mj]*fis->node
             [mi]->de_dp[mj]-
             fis->node[mi]->de_dp[mj]*fis->node[mi]->de_
             dpold[mj])/muk;
         for(mi=from;mi <=to;mi++)
          for(mj=0;mj <fis->node[mi]->para_n;mj++)
          fis->node[mi]->pk[mj]=-fis->node[mi]->de_dp[mj]
```

```
      +betak*fis->node[mi]->pk[mj];  //求 D_{n+1}
  }
   nrmsqr_dX=0;
   for(mi=from;mi <=to;mi++)
    for(mj=0;mj <fis->node[mi]->para_n;mj++)
     nrmsqr_dX+=pow(fis->node[mi]->pk[mj],2.0);
   norm_dX=sqrt(nrmsqr_dX);
   if(difk>=0.75)                    //若 C_n ≥0.75,减
                                     //小 ρ_n
    lambdak=0.25*lambdak;
   }
  else                              //若 C_n ≤0
  { for(mi=from;mi <=to;mi++)
    for(mj=0;mj <fis->node[mi]->para_n;mj++)
    fis->node[mi]->para[mj]=fis->node[mi]->paraorg
      [mj];
    lambdab=lambdak;                //ρ̄_n＝ρ_n
    success=0;
    fis->trn_error[i]=fis->trn_error[i-1];
    fis->chk_error[i]=fis->chk_error[i-1];
   }
  if((difk<0.25)&&(nrmsqr_dX!=0))   //C_n <0.25,增大 ρ_n
  lambdak=lambdak+ deltak*(1-difk)/nrmsqr_dX;
 }
else                               //混合法
 {
  anfisOneEpoch1(fis,i);
 }
 /*在必要时更新最小训练误差 */
```

```
if(fis->trn_error[i] <fis->min_trn_error)
{
    fis->min_trn_error=fis->trn_error[i];
    for(k=0;k <fis->para_n;k++)
        fis->trn_best_para[k]=fis->para[k];
}
/*在必要时更新最小校验误差 */
if(fis->chk_data_n !=0)
    if(fis->chk_error[i] <fis->min_chk_error)
    {
        fis->min_chk_error=fis->chk_error[i];
        /*存储目前为止最好的参数 */
        for(k=0;k <fis->para_n;k++)
            fis->chk_best_para[k]=fis->para[k];
    }
if(fis->display_error)
if(fis->chk_data_n !=0)
    PRINTF("%4d \t%f \t%f\n",i+1,fis->trn_error
        [i],fis->chk_error[i]);
else
    PRINTF("%4d \t%g\n",i+1,fis->trn_error[i]);
/*当目标误差达到时停止训练 */
if(fis->min_trn_error <=fis->trn_error_goal)
{
    fis->actual_epoch_n=i+1;
    if(fis->display_error)
    PRINTF("\nError goal(%g) reached-->ANFIS train-
        ing completed at epoch %d. \n\n",fis->trn_er-
        ror_goal,fis->actual_epoch_n);
```

```c
        return;
}
if(fis->method==1)
{
normgx=0;
from=fis->in_n;
to=fis->layer[2]->index-1;
if(i==0)
{for(mi=from;mi <=to;mi++)
  for(mj=0;mj <fis->node[mi]->para_n;mj++)
    normgx+=pow(fis->node[mi]->de_dp[mj],2.0);
  normgx=sqrt(normgx);
  for(mi=from;mi <=to;mi++)
  for(mj=0;mj <fis->node[mi]->para_n;mj++)
  {
fis->node[mi]->de_dpold[mj]=fis->node[mi]->de_dp
    [mj];
fis->node[mi]->pk[mj]=-fis->node[mi]->de_dp[mj];
  }
  for(mi=from;mi <=to;mi++)
  for(mj=0;mj <fis->node[mi]->para_n;mj++)
fis->node[mi]->para[mj]+=fis->ss*fis->node[mi]->
    pk[mj]/ normgx;
  muk=0;
      for(mi=from;mi <=to;mi++)
        for(mj=0;mj <fis->node[mi]->para_n;mj++)
          muk-=fis->node[mi]->pk[mj]*fis->node[mi]->
            de_dp[mj];

}
```

```
else
{
if(i%fis->para_n==0||muk==0)
    betak=0;
else
  {betak=0;
      for(mi=from;mi <=to;mi++)
      for(mj=0;mj <fis->node[mi]->para_n;mj++)
       betak+=(fis->node[mi]->de_dp[mj]*fis->node
          [mi]->de_dp[mj]-
        fis->node[mi]->de_dp[mj]*fis->node[mi]->de_
          dpold[mj])/muk;
  }
for(mi=from;mi <=to;mi++)
for(mj=0;mj <fis->node[mi]->para_n;mj++)
 fis->node[mi]->pk[mj]=-fis->node[mi]->de_dp[mj]+
   betak*fis->node[mi]->pk[mj];
muk=0;
for(mi=from;mi <=to;mi++)
 for(mj=0;mj <fis->node[mi]->para_n;mj++)
 muk-=fis->node[mi]->pk[mj]*fis->node[mi]->de_dp
   [mj];
if(muk<0)
{
muk=0;
for(mi=from;mi <=to;mi++)
    for(mj=0;mj <fis->node[mi]->para_n;mj++)
     {
        fis->node[mi]->pk[mj]=-fis->node[mi]->de_dp
```

```
        [mj];
            muk-=fis->node[mi]->pk[mj]*fis->node[mi]->
            de_dp[mj];
        }
        }
    nrmsqr_dX=0;
    for(mi=from;mi <=to;mi++)
     for(mj=0;mj <fis->node[mi]->para_n;mj++)
      nrmsqr_dX+=pow(fis->node[mi]->pk[mj],2.0);
       norm_dX=sqrt(nrmsqr_dX);
       for(mi=from;mi <=to;mi++)
         for(mj=0;mj <fis->node[mi]->para_n;mj++)
         {
             fis->node[mi]->para[mj]+=fis->ss*fis->node
             [mi]->pk[mj]/norm_dX;
             fis->node[mi]->de_dpold[mj]=fis->node[mi]->de_
             dp[mj];
         }
       }
       }
    ......
```

在修改后的 anfislearning 函数中新增了两个函数 anfisOneEpoch00()和 anfisOneEpoch11(),源代码如下:

```
    static void anfisOneEpoch00(FIS *fis,int i)
    {
        int j,k;
        DOUBLE squared_error;
        anfisClearDerivative(fis);
        squared_error=0;
```

```
for(j=0;j <fis->trn_data_n;j++)
{
    /*分配输入 */
    for(k=0;k <fis->in_n;k++)
        fis->node[k]->value=fis->trn_data[j][k];
    /*前向计算 */
    anfisForward(fis,fis->in_n,fis->node_n-1);
    /*计算误差 */
    squared_error+=pow(
        fis->trn_data[j][fis->in_n]-
        fis->node[fis->node_n-1]->value,2.0);
    /*在输出分配 de_do*/
    fis->node[fis->node_n-1]->de_do=
        -2*(fis->trn_data[j][fis->in_n]-
        fis->node[fis->node_n-1]->value);
        /*反向计算 */
        anfisBackward(fis,fis->node_n-2,fis->in_n);
        /*更新 de_dp */
        anfisUpdateDE_DP(fis,fis->in_n,fis->node_n-1);
        /*打印调试数据 */
        anfisPrintData(fis);
        }
    }
static void anfisOneEpoch11(FIS *fis,int i)
{
    int j,k;
    DOUBLE squared_error;
    anfisClearDerivative(fis);
    squared_error=0;
```

```
anfisKalman(fis,1,1e6);/*复位卡尔曼滤波中的矩阵 */
for(j=0;j <fis-> trn_data_n;j++)
{
    /*分配输入 */
    for(k=0;k <fis->in_n;k++)
        fis->node[k]->value=fis->trn_data[j][k];
    /*从第 1 层到第 3 层前面计算*/
     anfisForward(fis,fis->in_n,fis->layer[4]->in-
     dex-1);
    /*存储第 0 层到第 3 层的节点输出 */
    for(k=0;k <fis->layer[4]->index;k++)
        fis->tmp_node_output[j][k]=fis->node[k]->
          value;
    anfisGetKalmanDataPair(fis,j);
    anfisKalman(fis,0,1e6);
}
anfisPutKalmanParameter(fis);
for(j=0;j <fis->trn_data_n;j++){
    /*恢复第 0 层到第 3 层的节点输出*/
    for(k=0;k <fis->layer[4]->index;k++)
        fis->node[k]->value=fis->tmp_node_output[j]
          [k];
    /*从第 4 层到第 6 层前向传递 */
    anfisForward(fis,fis->layer[4]->index,fis->
      node_n-1);
    /*计算误差 */
    squared_error+=pow(
        fis->trn_data[j][fis->in_n]-
        fis->node[fis->node_n-1]->value,2.0);
```

```
          /*在输出端分配 de_do */
          fis->node[fis->node_n-1]->de_do=
              -2*(fis->trn_data[j][fis->in_n]-
              fis->node[fis->node_n-1]->value);
          /*反向计算*/
          anfisBackward(fis,fis->node_n-2,fis->in_n);
          /*更新第 1 层的 de_dp*/
          anfisUpdateDE_DP(fis,fis->in_n,fis->layer[2]->
            index-1);
          /*打印调试数据*/
          anfisPrintData(fis);
          }

      }
```

从程序中可以看出,为了方便地按 SCG 法改进算法,需要在 anfis. h 中为结构类型 FIS 和 NODE 增加新的成员 fis->paraorg、fis->pk 等,在 datstruc. c 的 anfisBuildAnfis 函数和 anfisFreeAnfis 函数中为新增成员添加分配、释放内存及初始化语句。将包含函数 mexFunction 的源文件重命名为 anfisscgmex. c,在 MATLAB 中用命令"mex anfisscgmex. c-output anfisscgmex. dll"即可得到新的核心算法库 anfisscgmex. dll。最后在 anfis. m 中将调用的 anfismex 函数替换成 anfisscgmex,并将 anfis. m 的文件名和函数名改为 anfisscg,就得到了依照 SCG 法改进后的 ANFIS 函数 anfisscg。

5.2 改进算法的验证与比较

为了验证改进后算法是否达到预期效果,依次将系统原有的标准 ANFIS 函数、本书作者用 Fletcher-Reeves update 法改进的 ANFIS 函数和用 SCG 法改进的 ANFIS 函数分别应用于混沌时间序列预报和逼近非线性函数这两类问题,并对它们的性能进行分析比较。

5. 2. 1 在混沌时间序列预报中的应用

由 Machey-Glass 时延微分方程定义出的一个混沌信号：

$$\dot{x}(t) = \frac{0.2x(t-\tau)}{1+x^{10}(t-\tau)} - 0.1x(t) \tag{5.22}$$

其中，τ 为时延参数；t 为时间；$x(t)$ 为混沌信号。

初始条件取参数 $\tau=17$，$x(0)=1.2$，此时间序列没有明确定义的周期，既不收敛也不发散，其轨迹对初始条件高度敏感，是一个混沌信号。该信号的预测问题在神经网络和模糊系统的建模研究中经常作为比较不同算法性能的基准[47]。在此直接载入 MATLAB 提供的计算好的混沌时间序列数据文件 mgdata. dat，用改进前后的算法进行信号预测。其中 500 组数据用于训练，另外 500 组用于检验，以防止出现模型过匹配。各种算法都用函数 genfis1()按网格分割法划分。输入都采用高斯型隶属度函数，其他参数如隶属度函数个数等都采用默认值，训练结果如表 5.1 所示。

表 5.1 混沌时间序列预报各种算法的训练结果

算法类型	目标训练误差 E	训练次数 N	训练时间 T /s
标准 ANFIS BP 法	0.02	5919	338.3970
FRU 改进后 BP 法	0.02	220	28.4810
SCG 改进后 BP 法	0.02	40	6.8000
标准 ANFIS 混合法	0.0017	155	51.8140
FRU 改进后混合法	0.0017	72	35.8820
SCG 改进后混合法	0.0017	63	30.3430

图 5.1 为三种 ANFIS 算法用纯 BP 法训练时的误差变化曲线。图 5.2 为三种算法时间序列预测误差曲线，采用 BP 法，最大训练次数 200，目标误差为 0。其中横坐标为 mgdata. dat 中的时间序列序号 I，纵坐标为预测误差 R，即 ANFIS 的输出和实际信号的差值。从图 5.2 中可以看出 R 很小，说明预测基本正确，而在相同的训练次数下 SCG 法改进后 ANFIS 的预测误差最小，标准 ANFIS 的预测误差较大，FRU 改进后 ANFIS 的预测误差居于二者之间。

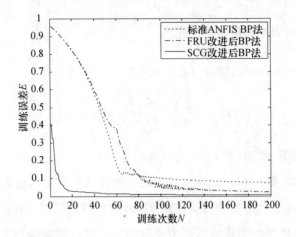

图 5.1　混沌时间序列预报训练误差曲线

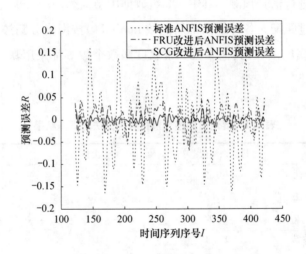

图 5.2　混沌时间序列预报预测误差曲线

　　需要注意的是,在用 FRU 法改进的 ANFIS 算法中,决定上次搜索方向对本次搜索方向影响程度的参数 β_n 通过式(5.4)计算,步长 α_n 则同自适应学习率的调整方法相同。在 SCG 改进后混合法中,后件参数通过最小二乘法调整,前件参数的调整方法和 FRU 法类似,只是用式(5.19)代替式(5.4)来计算 β_n。

　　分析表 5.1 和图 5.1 可知,当采用 BP 法时,SCG 法改进后的 ANFIS 算法收敛所需的训练次数和时间都显著小于标准 ANFIS 算法和 FRU 法改进后的 AN-

FIS 算法。FRU 法改进后 ANFIS 算法和标准 ANFIS 算法相比收敛速度也大幅提高。当采用混合法时，改进后的两种算法的收敛速度比较接近，比标准 ANFIS 算法快很多。

5.2.2　在逼近非线性函数中的应用

为了将改进后的 ANFIS 用于复杂函数逼近，在 MATLAB 中用下列语句构造一个 3 输入 1 输出的非线性函数数据集：

```
numpts=500;
x1=linspace(-1,1,numpts)';
x2=linspace(-1,1,numpts)';
x3=linspace(-1,1,numpts)';
y=sin(pi*x1)+0.8*sin(3*pi*x1)+0.2*sin(5*pi*x1)+
0.6*sin(2*pi*x1)+0.6*sin(4*pi*x2)+0.1*sin(5*pi*x2)
+0.2*sin(3*pi*x2)+0.3*sin(2*pi*x3)+0.5*sin(pi*x3);
data=[x1 x2 x3 y];
trndata=data(1:2:numpts,:);      %训练数据集
chkdata=data(2:2:numpts,:);      %检验数据集
```

由此得到了 500 组符合这一复杂非线性函数关系的数据对，其中 250 组用于训练，另外 250 组用于检验。将标准 ANFIS、FRU 法改进的 ANFIS 和 SCG 法改进的 ANFIS 分别应用于逼近此非线性函数，结果如表 5.2 所示。

表 5.2　非线性函数逼近各种算法的训练结果

算法类型	隶属度函数个数 N_m	目标训练误差 E	训练次数 N	训练时间 T/s
标准 ANFIS BP 法	2	0.6	2003	23.6940
FRU 改进后 BP 法	2	0.6	469	12.9590
SCG 改进后 BP 法	2	0.6	8	0.3800
标准 ANFIS 混合法	2	0.05	465	17.6960
FRU 改进后混合法	2	0.05	108	5.8090
SCG 改进后混合法	2	0.05	337	15.0310

续表

算法类型	隶属度函数个数 N_m	目标训练误差 E	训练次数 N	训练时间 T/s
标准 ANFIS BP 法	3	0.35	2868	126.2520
FRU 改进后 BP 法	3	0.35	342	27.9000
SCG 改进后 BP 法	3	0.35	162	17.7150
标准 ANFIS 混合法	3	0.005	315	182.1420
FRU 改进后混合法	3	0.005	203	88.5880
SCG 改进后混合法	3	0.005	292	115.5260

　　图 5.3 为各输入的隶属度函数个数 N_m 取 2 时,采用 BP 法进行非线性函数逼近的训练误差曲线。图 5.4 为 N_m 取 3 时,采用混合法进行非线性函数逼近的训练误差曲线。

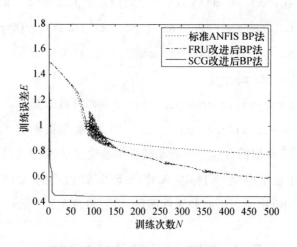

图 5.3　非线性函数逼近 BP 法训练误差曲线

　　分析表 5.2、图 5.3 和图 5.4 可知,当采用 BP 法时,和应用于混沌时间序列预报中的结果一样,SCG 法改进后的 ANFIS 算法具有最快的收敛速度,FRU 法改进后的 ANFIS 算法次之,标准 ANFIS 算法的收敛速度最慢。然而当采用混合法时,FRU 法改进后的 ANFIS 算法的收敛速度比 SCG 法改进后的 ANFIS 算法和标准 ANFIS 算法都快得多,虽然 SCG 法改进后的 ANFIS 算法和标准 ANFIS 算法相比收敛速度也有所提高。

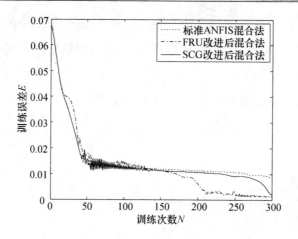

图 5.4　非线性函数逼近混合法训练误差曲线

不论在解决混沌时间序列预报问题上,还是在非线性函数逼近应用中,改进前后混合型算法都比 BP 法效率更高。因此在将 ANFIS 应用于非线性函数逼近时,采用 FRU 法改进后 ANFIS 算法,训练算法使用混合法最合适。

5.3　本 章 小 结

本章首先分析了自适应模糊神经推理系统训练算法特点和各种 BP 算法改进形式性能,结合 Fletcher-Reeves update 共轭梯度法和比例共轭梯度法,提出了两种 ANFIS 改进算法,着重论述了算法的改进原理和程序实现。并将这两种改进算法和标准 ANFIS 算法分别应用于混沌时间序列预报和逼近非线性函数,来比较三种算法的性能。

在混沌时间序列预报和非线性函数逼近中的应用结果表明:

(1) 当采用 BP 法时,SCG 法改进后的 ANFIS 算法最快,FRU 法改进后的 ANFIS 算法次之,标准 ANFIS 算法最慢。前者的收敛训练次数和时间都显著小于后两者。

(2) 在混沌时间序列预报中采用混合法时,SCG 法改进后的 ANFIS 算法和 FRU 法改进后的 ANFIS 算法的收敛速度接近,都比标准 ANFIS 算法快。

（3）在非线性函数逼近中采用混合法时，FRU 法改进后的 ANFIS 算法最快，SCG 法改进后的 ANFIS 算法次之，标准 ANFIS 算法最慢。前者比后两者收敛训练次数要少得多。

（4）改进前后混合型算法都比 BP 法收敛速度快。

第6章 模糊系统和 ANFIS 在 DSP 上的实现和优化

在前两章中模糊系统和 ANFIS 的建立和运行都是在 MATLAB 环境下,运行在微机上的 MATLAB 适合算法的分析和验证,但它的速度较慢,不能满足低功耗、小体积和实时等现场信号处理要求。DSP 一般都采用了哈佛结构、超标量流水线、多总线和专用硬件运算部件等技术,可以实现低功耗下的高速实时信号处理,已成为诸多电子设备的核心部件[40~44,129,130]。如果能将模糊系统和 ANFIS 等智能算法便捷地在 DSP 上实现,将有力地推动其在实际中得到更为广泛地应用。本章将探讨如何将模糊系统和 ANFIS 在 DSP 上便捷地实现和代码优化。

6.1 模糊系统在 DSP 上的实现

本书作者所用的数字信号处理器为 TI 公司的 TMS320VC5509A,它采用 TMS320C55x 处理器核,主要面向对高性能、低功耗要求严格的应用,性价比很高。同 C54x 系列相比,C55x 只用六分之一的功耗就可以达到 5 倍于 C54X 系列的性能[131],其系统架构如图 6.1 所表示[132],双乘法累加器(multiplier accumulator, MAC)、可变长指令、增强的总线结构和算术逻辑单元(arithmetic logic unit, ALU)使得单周期内可以完成更多的数据读写、运算,更好地利用流水线结构。低功耗设计和高级的电源管理技术使得在性能提高的同时功耗大大降低。

C55x 的集成开发环境 CCS(code composer studio)支持 C/C++和汇编语言的开发调试。在本研究中使用 DSP 仿真器、评估板和 CCS 进行程序开发和调试。评估板上扩展了 1M * 16bit 的同步动态存储器(synchronous dynamic random access memory,SDRAM)和 512K * 16bit 的 Flash,采用的 SDRAM 为 HY57V161610E,FLASH 为 AM29LV800。图 6.2 为扩展的 SDRAM 与 5509A 的连接原理图,SDRAM 的片选/CS 引脚和 5509A 的 CE0 引脚相连,则 SDRAM 占用 CE0 空间,字节首地址为 040000H(片上 RAM 256KB)。注意 5509A 的扩展内存接口

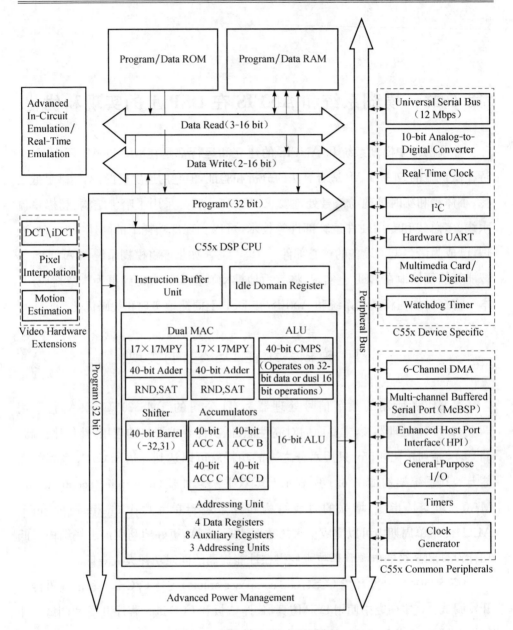

图 6.1　TMS320C55x 系统架构

（external memory interface，EMIF）为了能同时支持 8bit、16bit 和 32bit 数据存取，寻址以字节为单位，而 HY57V161610E 为 16bit 存储器，因此 SDRAM 的 A0～A9 引脚分别和 EMIF 接口的 A1～A10 引脚相连构成行地址。扩展后系统的存储空间如

表 6.1 所示。

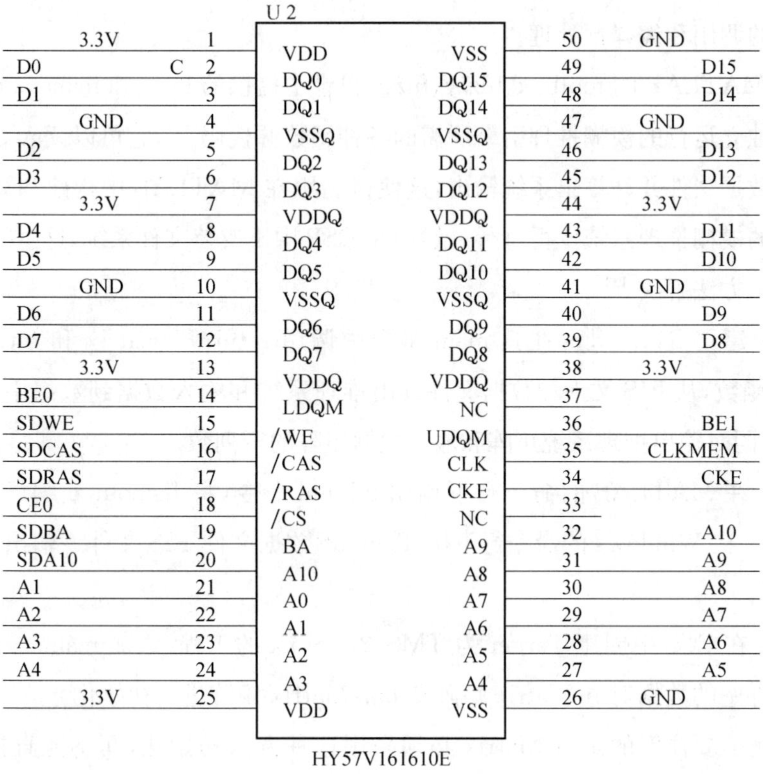

U 2

左信号		引脚	VDD 侧	VSS 侧	引脚		右信号
3.3V		1	VDD	VSS	50	GND	
D0	C	2	DQ0	DQ15	49		D15
D1		3	DQ1	DQ14	48		D14
GND		4	VSSQ	VSSQ	47	GND	
D2		5	DQ2	DQ13	46		D13
D3		6	DQ3	DQ12	45		D12
3.3V		7	VDDQ	VDDQ	44	3.3V	
D4		8	DQ4	DQ11	43		D11
D5		9	DQ5	DQ10	42		D10
GND		10	VSSQ	VSSQ	41	GND	
D6		11	DQ6	DQ9	40		D9
D7		12	DQ7	DQ8	39		D8
3.3V		13	VDDQ	VDDQ	38	3.3V	
BE0		14	LDQM	NC	37		
SDWE		15	/WE	UDQM	36		BE1
SDCAS		16	/CAS	CLK	35		CLKMEM
SDRAS		17	/RAS	CKE	34		CKE
CE0		18	/CS	NC	33		
SDBA		19	BA	A9	32		A10
SDA10		20	A10	A8	31		A9
A1		21	A0	A7	30		A8
A2		22	A1	A6	29		A7
A3		23	A2	A5	28		A6
A4		24	A3	A4	27		A5
3.3V		25	VDD	VSS	26	GND	

HY57V161610E

图 6.2　扩展的 SDRAM 与 5509A 连接原理图

表 6.1　内存映射表

块大小	字节首地址	存储器块	字首地址	片外扩展
192B	000000h	存储器映射寄存器 MMR	000000h	—
32KB~192B	0000C0h	DARAM/HPI	000060h	—
32KB	008000h	DARAM	004000h	—
192KB	010000h	SARAM	008000h	—
16KB 异部存储器 4MB~256KB 同步存储器	040000h	外部扩展存储空间（CE0）	020000h	1M * 16bit SDRAM
16KB 异部存储器 4MB 同步存储器	400000h	外部扩展存储空间（CE1）	200000h	512K * 16bit Flash

需要注意的是，和 54x 系列不同，在 C55x 中采用统一的数据/地址空间，其中

程序空间采用字节寻址而数据空间采用字寻址。TMS320C55x C 语言在 ANSI C 的基础上增加了 ioport、interrupt 等关键字和 CODE_SECTION 等命令来实现硬件资源的调用和编译预处理。

在 MATLAB 的 toolbox\fuzzy\fuzzy 目录中提供的 fis. c 和 fismain. c 中包含了可以独立运行的模糊推理引擎所需的各种函数源代码[47]，它可以读入 . fis 文件和输入数据文件并计算出系统输出，这使得利用在 MATLAB 中构建和算法验证后得到的模糊推理系统变得可行。然而在 DSP 中不支持文件系统，这一问题可以采用如下方法解决[133]：

(1) 建立 fisinout. c，在其 main 函数中调用 returnFismatrix 和 returnData-Matrix 函数，从 FIS 文件和数据文件读出推理系统和输入数据到数组中，然后逐行输出，同时输出推理系统矩阵和输入数据矩阵的行列数。

(2) 在 MATLAB 的命令行下调用 mbuild 命令，将 fisinout. c 编译成 fisinout. exe。在 Windows 的命令行下按"fisinout 数据文件 FIS 文件＞输出文件"的格式运行。

(3) 在 CCS 中创建 Target 为 TMS320C55xx 的工程，添加 main. c，用(2)中输出文件中的数据对 fisMatrix 矩阵和 dataMatrix 矩阵进行初始化。

这里需要注意的是 fisMatrix 必须采用这种方法初始化，而不能直接用 FIS 文件进行初始化，这是因为蕴涵函数类型等信息在 fisMatrix 中存储的是数值形式的 ASCII 码值，而 FIS 文件中存储的是字符。在 main 函数中调用 fisBuildFis-Node 函数生成 fisMatrix 对应的模糊推理系统结构变量 fis，最后调用 getFisOutput 函数计算出系统输出。

本书作者编写的 fisinout. c 的源码如下：

```c
#include <stdio. h>
#include <stdarg. h>


FILE        *output_file;


#define PRINTF macprintf
```

```c
int macprintf(char*format,...)
{
    va_list     arg;
    int         ret;

    va_start(arg,format);
    ret=vfprintf(output_file,format,arg);
    va_end(arg);

    return(ret);
}
#include "fis.c"
int
main(int argc,char **argv)
{
    FIS *fis;
    int i,j;
    int debug=0;

    DOUBLE **dataMatrix,**fisMatrix,**outputMatrix;
    char *fis_file,*data_file;
    int data_row_n,data_col_n,fis_row_n,fis_col_n;

#if defined(applec)||defined(__MWERKS__)||defined(THINK_
  C)||defined(powerc)

    data_file="fismain.in";
    fis_file="fismain.fis";
    output_file=fisOpenFile("fismain.out","w");
```

```
    #else
    /*检查输入参数*/
    if(argc !=3){
        PRINTF("Usage:%s data_file fis_file\n",argv[0]);
        exit(1);
    }
    data_file=argv[1];
    fis_file=argv[2];
#endif /*applec || __MWERKS__ || THINK_C || powerc */
    /*从文件中读出输入和矩阵结构*/
    dataMatrix=returnDataMatrix(data_file,&data_row_n,&data_col_n);
    fisMatrix=returnFismatrix(fis_file,&fis_row_n,&fis_col_n);
    PRINTF("%d ",data_row_n);//打印输入数据矩阵的行数
    PRINTF("%d ",data_col_n);//打印输入数据矩阵的列数
    PRINTF("\n");
    PRINTF("%d ",fis_row_n);//打印推理系统矩阵的行数
    PRINTF("%d ",fis_col_n);//打印推理系统矩阵的列数
    PRINTF("\n");
        for(i=0;i <data_row_n;i++)
    {
        for(j=0;j <data_col_n;j++)
            PRINTF("%f ",dataMatrix[i][j]);
        PRINTF("\n");
    }
    for(i=0;i <fis_row_n;i++)
    {
        for(j=0;j <fis_col_n;j++)
            PRINTF("%f ",fisMatrix[i][j]);
```

```
PRINTF("\n");
}
}
```

以 MATLAB 自带的解决小费问题的模糊推理系统 tipper.fis 为例,模糊推
理系统的主函数部分源码如下:

```
#ifndef __FIS__
#define __FIS__
#include <stdio.h>
#include <stdlib.h>
#include <string.h>
#include <math.h>
int i, j;
int debug=1;
int data_row_n=8, data_col_n=2, fis_row_n=44, fis_col_n=9;
double **outputMatrix;
/*利用输出文件中的数据对 dataMatrix 矩阵进行初始化*/
double datam[8][2]={3.00, 5.00, 2.00, 7.00,1.0,4.0,6.0,1.0,
    9.0,4.0,5.0,6.0,8.0,3.0,4.0,2.0};
/*利用输出文件中的数据对 fisMatrix 矩阵进行初始化*/
double fisMatrix[44][9]={116.00, 105.00, 112.00, 112.00, 101.00,
    114.00, 0.00, 0.00, 0.00,
109.00, 97.00, 109.00, 100.00, 97.00, 110.00, 105.00, 0.00, 0.00,
2.00, 1.00, 0.00, 0.00, 0.00, 0.00, 0.00, 0.00, 0.00,
3.00, 2.00, 0.00, 0.00, 0.00, 0.00, 0.00, 0.00, 0.00,
3.00, 0.00, 0.00, 0.00, 0.00, 0.00, 0.00, 0.00, 0.00,
3.00, 0.00, 0.00, 0.00, 0.00, 0.00, 0.00, 0.00, 0.00,
109.00, 105.00, 110.00, 0.00, 0.00, 0.00, 0.00, 0.00, 0.00,
109.00, 97.00, 120.00, 0.00, 0.00, 0.00, 0.00, 0.00, 0.00,
109.00, 105.00, 110.00, 0.00, 0.00, 0.00, 0.00, 0.00, 0.00,
```

109. 00, 97. 00, 120. 00, 0. 00, 0. 00, 0. 00, 0. 00, 0. 00, 0. 00,

99. 00, 101. 00, 110. 00, 116. 00, 114. 00, 111. 00, 105. 00, 100. 00, 0. 00,

115. 00, 101. 00, 114. 00, 118. 00, 105. 00, 99. 00, 101. 00, 0. 00, 0. 00,

102. 00, 111. 00, 111. 00, 100. 00, 0. 00, 0. 00, 0. 00, 0. 00, 0. 00,

116. 00, 105. 00, 112. 00, 0. 00, 0. 00, 0. 00, 0. 00, 0. 00, 0. 00,

0. 00, 10. 00, 0. 00, 0. 00, 0. 00, 0. 00, 0. 00, 0. 00, 0. 00,

0. 00, 10. 00, 0. 00, 0. 00, 0. 00, 0. 00, 0. 00, 0. 00, 0. 00,

0. 00, 30. 00, 0. 00, 0. 00, 0. 00, 0. 00, 0. 00, 0. 00, 0. 00,

112. 00, 111. 00, 111. 00, 114. 00, 0. 00, 0. 00, 0. 00, 0. 00, 0. 00,

103. 00, 111. 00, 111. 00, 100. 00, 0. 00, 0. 00, 0. 00, 0. 00, 0. 00,

101. 00, 120. 00, 99. 00, 101. 00, 108. 00, 108. 00, 101. 00, 110. 00, 116. 00,

114. 00, 97. 00, 110. 00, 99. 00, 105. 00, 100. 00, 0. 00, 0. 00, 0. 00,

100. 00, 101. 00, 108. 00, 105. 00, 99. 00, 105. 00, 111. 00, 117. 00, 115. 00,

99. 00, 104. 00, 101. 00, 97. 00, 112. 00, 0. 00, 0. 00, 0. 00, 0. 00,

97. 00, 118. 00, 101. 00, 114. 00, 97. 00, 103. 00, 101. 00, 0. 00, 0. 00,

103. 00, 101. 00, 110. 00, 101. 00, 114. 00, 111. 00, 117. 00, 115. 00, 0. 00,

103. 00, 97. 00, 117. 00, 115. 00, 115. 00, 109. 00, 102. 00, 0. 00, 0. 00,

103. 00, 97. 00, 117. 00, 115. 00, 115. 00, 109. 00, 102. 00, 0. 00, 0. 00,

103. 00, 97. 00, 117. 00, 115. 00, 115. 00, 109. 00, 102. 00, 0. 00, 0. 00,

116. 00, 114. 00, 97. 00, 112. 00, 109. 00, 102. 00, 0. 00, 0. 00, 0. 00,

116. 00, 114. 00, 97. 00, 112. 00, 109. 00, 102. 00, 0. 00, 0. 00, 0. 00,

116. 00, 114. 00, 105. 00, 109. 00, 102. 00, 0. 00, 0. 00, 0. 00, 0. 00,

116. 00, 114. 00, 105. 00, 109. 00, 102. 00, 0. 00, 0. 00, 0. 00, 0. 00,

116. 00, 114. 00, 105. 00, 109. 00, 102. 00, 0. 00, 0. 00, 0. 00, 0. 00,

1. 50, 0. 00, 0. 00, 0. 00, 0. 00, 0. 00, 0. 00, 0. 00, 0. 00,

1. 50, 5. 00, 0. 00, 0. 00, 0. 00, 0. 00, 0. 00, 0. 00, 0. 00,

1. 50, 10. 00, 0. 00, 0. 00, 0. 00, 0. 00, 0. 00, 0. 00, 0. 00,

0. 00, 0. 00, 1. 00, 3. 00, 0. 00, 0. 00, 0. 00, 0. 00, 0. 00,

7. 00, 9. 00, 10. 00, 10. 00, 0. 00, 0. 00, 0. 00, 0. 00, 0. 00,

```
0. 00, 5. 00, 10. 00, 0. 00, 0. 00, 0. 00, 0. 00, 0. 00, 0. 00,

10. 00, 15. 00, 20. 00, 0. 00, 0. 00, 0. 00, 0. 00, 0. 00, 0. 00,

20. 00, 25. 00, 30. 00, 0. 00, 0. 00, 0. 00, 0. 00, 0. 00, 0. 00,

1. 00, 1. 00, 1. 00, 1. 00, 2. 00, 0. 00, 0. 00, 0. 00, 0. 00,

2. 00, 0. 00, 2. 00, 1. 00, 1. 00, 0. 00, 0. 00, 0. 00, 0. 00,

3. 00, 2. 00, 3. 00, 1. 00, 2. 00, 0. 00, 0. 00, 0. 00, 0. 00};

……

main()
{
    fis = (FIS *)fisCalloc(1, sizeof(FIS));
    fisBuildFisNode(fis, fis_col_n, MF_POINT_N);
    /*检查输入数据*/
    if (data_col_n <fis->in_n) {
        PRINTF("Given FIS is a %d-input %d-output system. \n",
        fis->in_n, fis->out_n);
    PRINTF("Given data file does not have enough input entries. \n");
    fisFreeMatrix((void **)fisMatrix, fis_row_n);
    fisFreeFisNode(fis);
    fisError("Exiting ... ");
}
if (debug)
    fisPrintData(fis);
/*产生输出矩阵 */
outputMatrix = (DOUBLE **)fisCreateMatrix(data_row_n, fis->out_n,
    sizeof(DOUBLE));
/*对每一个输出向量,计算模糊推理系统输出值 */
#pragma MUST_ITERATE(1)
for (i=0; i<data_row_n; i++)
    getFisOutput(&datam[i][0], fis, outputMatrix[i]);
```

```
PRINTF("output of fuzzy inference system:\n");
/*打印输出向量 */
#pragma MUST_ITERATE(1)
for (i =0; i <data_row_n; i++) {
#pragma MUST_ITERATE(1)
    for (j =0; j <fis->out_n; j++)
        PRINTF("%.12f ", outputMatrix[i][j]);
    PRINTF("\n");
}
/*清空内存*/
fisFreeFisNode(fis);
exit(0);
}
    ……
```

从代码中可以看出,二维数组 datam[8][2]和 fisMatrix[44][9]分别代表 dataMatrix 矩阵和 fisMatrix 矩阵,在文件头部进行变量的声明和初始化时,利用输出文件中的数据对 fisMatrix 矩阵和 dataMatrix 矩阵进行初始化,系统的 8 组输入(服务和食物)分别为[3.0 5.0]、[2.0 7.0]、[1.0 4.0]、[6.0 1.0]、[9.0 4.0]、[5.0 6.0]、[8.0 3.0]、[4.0 2.0],tipper. fis 在 fisMatrix 中存储的是 44 行 9 列数值形式的 ASCII 码值。

链接命令文件(* . cmd)的编写在 DSP 系统开发中十分重要,它不仅能以文件的形式表达链接选项设置、输入输出文件等,而且可以用 MEMORY 和 SECTIONS 指令来定制某个应用。如在该应用中数据和程序空间的大小和位置、堆栈的大小等。本研究中所用的链接命令文件部分内容如下:

```
-heap 0x6000
-stack 0x1000
-sysstack 0x500
-m star. map
-l rts55x. lib
```

```
MEMORY
{
    VECT:      origin=0x100,     len=0x100
    DARAM:       origin=0x200, len=0xfe00
    SARAM:     origin=0x10000, len=0x30000
    SDRAM:     origin=0x40000, len=0x3c0000
}
SECTIONS
{
    .text:    {}>SARAM   //包含所有可执行代码和编译器产生的常数
    .cinit:   {}>SARAM   //包含 C   程序初始化变量和常数表
    .pinit:   {}>SARAM   //包含全局结构体表
    .switch:  {}>SARAM   //包含 switch 语句形成的跳转表
    .vectors: {}>VECT    //中断向量表
    .bss:     {}>DARAM   //存放全局和静态变量
    .sysmem:  {}>DARAM   //动态存储空间分配保留空间
    .stack:   {} >DARAM  //数据堆栈(局部变量,返回地址的低 16bit)
    .sysstack{} >DARAM   //系统堆栈(24bit 返回地址的高 8bit)
    ……
```

MEMORY 指令定义了 DARAM、SARAM、VECT 和 SDRAM 四块存储区,origin 和 len 分别设置它们的首地址和长度。对照表 6.1 可知,除 VECT 区分配到 DARAM 存储器外,各存储区都分配在与其名称相对应类型的存储器中。其中 .text、.cinit 等段存放在程序空间 SARAM 中,.bss、.stack 等段存放在数据空间 DARAM 中。-heap 设定内存池的大小,调用 malloc、calloc 和 realloc 函数时生成的 .sysmem 段从内存池中动态分配内存。-stack 和-sysstack 设定堆栈和辅助堆栈的大小,堆栈保存处理器信息、向函数传递参数并分配局部变量。这些参数先通过预估选取,然后再根据编译和运行结果调整,用-m 生成的内存映像文件描述了程序和数据所占用的实际尺寸和地址,对这些参数的调整很有帮助。这里给出的参数已通过运行验证并加了一定的余量,可以满足一般模糊系统应用的需要。需要注意的是,为了优化程序的执行速度,. stack 段和. sysstack 段最好分配在 DARAM(dual-access RAM)存储器中。这是因为在函数的调用和返回过程中,. stack 段和. sysstack 段经常被同时访问,若被分配在 SARAM(single-access RAM)存储器中,会出现内存冲突,占用更多的指令周期。若被分配在 DARAM 中,则可以避免这样的冲突[134]。同样的道理若分配在. bss 段的全局变量和分配在. stack 段的局部变量被同一条指令访问,也可能出现内存冲突,因而. bss 段和. stack 段最好分配在 DARAM 中。

TMS320C55x C/C++程序在链接时都需要加入运行时支持库 rts55. lib 或 rts55x. lib[135]。C55x 编译器支持两种存储器模式——小存储器模式和大存储器模式,在小存储器模式下程序必须满足一定的大小和存储器内位置的限制,在链接命令文件中用-l 指定 rts55. lib 为运行时支持库。实验中发现,当使用小存储器模式时,在编译通过后运行时会出现"Could not allocate memory in calloc function call"的错误提示。使用大存储器模式时指定 rts55x. lib 为运行时支持库,并在 CCS 中通过菜单 Project—Build Options 在编译器选项对话框 compiler 中添加-ml 选项,在本研究中使用的就是大存储器模式。

为了使 5509A 工作在 200MHz 下,需要在主程序起始修改 CLKMD 寄存器来改变倍频,可以通过调用 CSL(chip support library)中的 API 函数 PLL_config 实现。要使用 CSL,必须在 compiler 中定义符号 CHIP_5509A,并在 linker 中加入库 csl5509ax. lib。DSP 的工作频率还与其核心工作电压有关,5509A 工作频率和核心电压的关系如表 6.2 所示[136]。

表 6.2　5509A 工作频率与核心电压关系表

CVdd(108MHz)/V			CVdd(144MHz)/V			CVdd(200MHz)/V		
Min	Typ	Max	Min	Typ	Max	Min	Typ	Max
1. 14	1. 2	1. 26	1. 28	1. 35	1. 42	1. 55	1. 6	1. 65

要使 5509A 稳定工作在 200MHz,需设置 DSP 核心电压 CVdd 为 1.6V 左右,在本研究中用双路输出低压差电压调整器 TPS767D301 为 5509A 供电,如图 6.3所示,引脚 OUT2 的输出稳定在 3.3V,引脚 OUT1 的输出用式(6.1)计算:

$$V_O = V_{ref}\left(1+\frac{R_{31}}{R_{30}}\right), \quad V_{ref} = 1.1834V \tag{6.1}$$

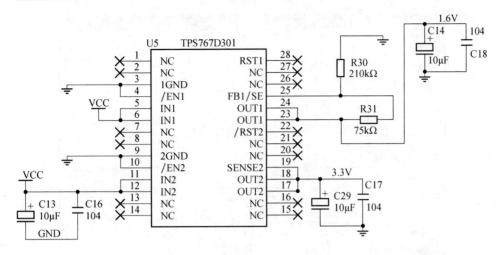

图 6.3　5509A 供电电路原理图

这里取 $R_{30}=75\mathrm{k\Omega}$,$R_{31}=210\mathrm{k\Omega}$,则引脚 OUT2 的输出约为 1.60604V。为了调用
CSL 函数改变锁相环(phase locked loop,PLL)的倍频,还需要在程序中添加头文
件 csl.h 和 csl_pll.h,并在链接命令文件中加入语句.csldata:{}>DATA 为新增
的.csldata 段分配内存,同时在程序中使用如下语句来设置 PLL:

```
PLL_Config Config_PLL={1,1,10,0};  //设置参数 pllmult 为 10,div 为 0
CSL_init();                        //初始化 CSL
PLL_config(&Config_PLL);           //对参数进行配置
......
```

在本研究中使用 20MHz 晶振,则

$$\text{CPU 时钟频率} = \text{输入频率} \times \text{Pllmult}/(\text{div}+1) = 200\text{MHz}$$

以 MATLAB 自带的解决小费问题的模糊推理系统 tipper.fis 为例,系统的 8 组
输入(服务和食物)分别为[3.0 5.0]、[2.0 7.0]、[1.0 4.0]、[6.0 1.0]、[9.0 4.0]、
[5.0 6.0]、[8.0 3.0]、[4.0 2.0]时,DSP 的运行结果如图 6.4 所示,其中左下方的
Stdout 栏中为程序运行输出结果,右下方 watch 栏中可以观察程序中局部和全局
变量运行中值的变化,从图中可以看到推理系统结构体变量 fis 各个成员的取值
及系统输出 outputMatrix 指针对应的内存单元的值。在 MATLAB 中的运行结
果如图 6.5 所示[133]。

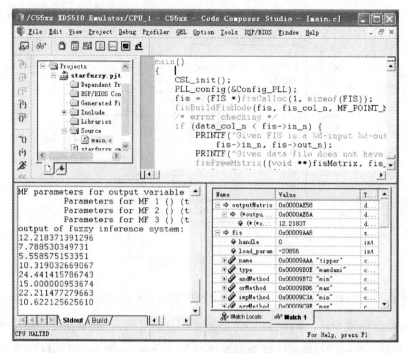

图 6.4 计算小费问题 DSP 中运算结果

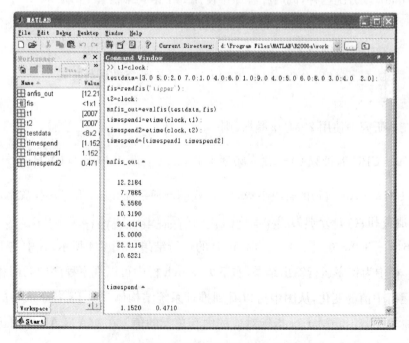

图 6.5 计算小费问题 MATLAB 中运算结果

比较 DSP 中模糊系统的输出和 MATLAB 中的输出结果后发现,两者的运行结果完全一致,计算小费问题的模糊系统成功地在 MATLAB 中得以实现,说明本书作者提出的模糊系统在 DSP 上的实现方法是可行的。

6.2 ANFIS 在 DSP 上的实现

ANFIS 在 DSP 的实现可以有两种方法,第一种方法是将 toolbox\fuzzy\fuzzy\src 目录下改进后的源代码在 CCS 中依照 TMS320C55x C 语言和硬件特性修改,在 DSP 中实现整个的训练过程和推理计算过程。第二种方法首先在 MATLAB 中对系统进行训练,训练完的系统用 writefis 函数写入 .fis 格式文件,从 .fis 格式文件中提取推理系统结构参数用于系统初始化。然后将 toolbox\fuzzy\ fuzzy 目录下 fis.c 包含的独立模糊推理引擎修改后在 DSP 上实现,在 DSP 上进行推理计算。

在实际的应用中系统的训练往往要耗费相当长的时间,而推理计算则要求尽可能地快,所以离线学习、在线推理是比较明智的选择,且第二种方法需要的内存等系统资源较第一种方法也少得多,因此采用第二种方法更为合适。本书以前文所述的混沌时间序列预报问题为例,将系统用第二种方法在 DSP 上实现。首先在 MATLAB 中编写 ANFIS 的离线训练程序,部分代码如下:

```
……
load mgdata.dat
t=mgdata(:,1);
x=mgdata(:,2);
plot(t,x);
for t=118:1117
data(t-117,:)=[x(t-18) x(t-12) x(t-6) x(t) x(t+6)];
end
trndata=data(1:500,:);
chkdata=data(501:end,:);
nummfs=2;
mftype='gaussmf';
```

```
fismat=genfis1(trndata,nummfs,mftype);

t=mgdata(:,1);

t1=clock;

%[fismat1,error1,ss,fismat2,error2]=anfis(trndata,fismat,
    [70 0.0002],[],chkdata,1);

%开始训练

[fismat1,error1,ss,fismat2,error2]=anfis(trndata,fismat,
    [200 0.0002],[],chkdata,0);

timespend=etime(clock,t1)

%绘制隶属度函数

subplot(2,2,1)

plotmf(fismat,'input',1)

subplot(2,2,2)

plotmf(fismat,'input',2)

subplot(2,2,3)

plotmf(fismat,'input',3)

subplot(2,2,4)

plotmf(fismat,'input',4)

figure

subplot(2,1,1)

hold on

set(gcf,'Color',[1,1,1])

plot(error1,'k:','linewidth',1.5);

xlabel('训练次数\itN\rm','FontName','华文中宋','FontSize',12);

ylabel('训练误差\itE\rm','FontName','华文中宋','FontSize',12);

set(gca,'linewidth',1.5)

xlabel('Training Iterations\itN\rm/times');

ylabel('Training Error\itE\rm');
```

%将训练完的系统用 writefis 函数写入 .fis 格式文件

```
writefis(fismat1,'hunfis')
```

......

使用训练程序完成对系统的训练后，得到 .fis 格式文件。在 windows 的命令行下按"fisinout 数据文件 FIS 文件＞输出文件"的格式运行，从而得到 dataMatrix 矩阵和 fisMatrix 矩阵的初始化值。

在 DSP 上运行的主函数部分源码如下：

```
#ifndef __FIS__
#define __FIS__
#include <stdio. h>
#include <stdlib. h>
#include <string. h>
#include math. h>
int i,j;
int debug=1;
int data_row_n=100,data_col_n=4,fis_row_n=109,fis_col_n=8;
double **outputMatrix;
double difdata[100],outdata[100];
//zMATLAB 计算得到的输出
double redata[100]={1. 0510,
1. 0043,0. 9564,0. 9107,0. 8694,0. 8333,0. 8024,0. 7760,
0. 7530,0. 7319,0. 7117,0. 6917,0. 6717,0. 6526,0. 6359,
0. 6242,0. 6212,0. 6309,0. 6564,0. 6974,0. 7499,0. 8081,
0. 8663,0. 9211,0. 9707,1. 0144,1. 0522,1. 0842,1. 1107,
1. 1318,1. 1479,1. 1596,1. 1678,1. 1740,1. 1802,1. 1889,
1. 2022,1. 2204,1. 2412,1. 2588,1. 2663,1. 2589,1. 2359,
1. 1997,1. 1540,1. 1026,1. 0488,0. 9948,0. 9422,0. 8923,
0. 8454,0. 8016,0. 7603,0. 7205,0. 6814,0. 6425,0. 6042,
0. 5678,0. 5349,0. 5075,0. 4878,0. 4787,0. 4835,0. 5053,
0. 5453,0. 6012,0. 6673,0. 7369,0. 8037,0. 8641,0. 9158,
```

0. 9580,0. 9904,1. 0134,1. 0275,1. 0340,1. 0342,1. 0301,

1. 0237,1. 0176,1. 0147,1. 0181,1. 0303,1. 0522,1. 0823,

1. 1158,1. 1455,1. 1646,1. 1698,1. 1622,1. 1453,1. 1230,

1. 0991,1. 0764,1. 0568,1. 0412,1. 0295,1. 0208,1. 0127,

1. 0022};

/*利用输出文件中的数据对 dataMatrix 矩阵进行初始化*/

double datam[100][4]={ 0. 9491,1. 0655,1. 1354,1. 1373,

0. 9454,1. 1003,1. 1291,1. 1431,0. 9498,1. 1257,1. 1247,1. 1450,

0. 9649,1. 1397,1. 1234,1. 1391,0. 9914,1. 1439,1. 1256,1. 1218,

1. 0268,1. 1413,1. 1307,1. 0917,1. 0655,1. 1354,1. 1373,1. 0510,

1. 1003,1. 1291,1. 1431,1. 0043,1. 1257,1. 1247,1. 1450,0. 9564,

1. 1397,1. 1234,1. 1391,0. 9107,1. 1439,1. 1256,1. 1218,0. 8694,

1. 1413,1. 1307,1. 0917,0. 8333,1. 1354,1. 1373,1. 0510,0. 8024,

1. 1291,1. 1431,1. 0043,0. 7760,1. 1247,1. 1450,0. 9564,0. 7530,

1. 1234,1. 1391,0. 9107,0. 7319,1. 1256,1. 1218,0. 8694,0. 7117,

1. 1307,1. 0917,0. 8333,0. 6917,1. 1373,1. 0510,0. 8024,0. 6717,

1. 1431,1. 0043,0. 7760,0. 6526,1. 1450,0. 9564,0. 7530,0. 6359,

1. 1391,0. 9107,0. 7319,0. 6242,1. 1218,0. 8694,0. 7117,0. 6212,

1. 0917,0. 8333,0. 6917,0. 6309,1. 0510,0. 8024,0. 6717,0. 6564,

1. 0043,0. 7760,0. 6526,0. 6974,0. 9564,0. 7530,0. 6359,0. 7499,

0. 9107,0. 7319,0. 6242,0. 8081,0. 8694,0. 7117,0. 6212,0. 8663,

0. 8333,0. 6917,0. 6309,0. 9211,0. 8024,0. 6717,0. 6564,0. 9707,

0. 7760,0. 6526,0. 6974,1. 0144,0. 7530,0. 6359,0. 7499,1. 0522,

0. 7319,0. 6242,0. 8081,1. 0842,0. 7117,0. 6212,0. 8663,1. 1107,

0. 6917,0. 6309,0. 9211,1. 1318,0. 6717,0. 6564,0. 9707,1. 1479,

0. 6526,0. 6974,1. 0144,1. 1596,0. 6359,0. 7499,1. 0522,1. 1678,

0. 6242,0. 8081,1. 0842,1. 1740,0. 6212,0. 8663,1. 1107,1. 1802,

0. 6309,0. 9211,1. 1318,1. 1889,0. 6564,0. 9707,1. 1479,1. 2022,

0. 6974,1. 0144,1. 1596,1. 2204,0. 7499,1. 0522,1. 1678,1. 2412,

0.8081,1.0842,1.1740,1.2588,0.8663,1.1107,1.1802,1.2663,

0.9211,1.1318,1.1889,1.2589,0.9707,1.1479,1.2022,1.2359,

1.0144,1.1596,1.2204,1.1997,1.0522,1.1678,1.2412,1.1540,

1.0842,1.1740,1.2588,1.1026,1.1107,1.1802,1.2663,1.0488,

1.1318,1.1889,1.2589,0.9948,1.1479,1.2022,1.2359,0.9422,

1.1596,1.2204,1.1997,0.8923,1.1678,1.2412,1.1540,0.8454,

1.1740,1.2588,1.1026,0.8016,1.1802,1.2663,1.0488,0.7603,

1.1889,1.2589,0.9948,0.7205,1.2022,1.2359,0.9422,0.6814,

1.2204,1.1997,0.8923,0.6425,1.2412,1.1540,0.8454,0.6042,

1.2588,1.1026,0.8016,0.5678,1.2663,1.0488,0.7603,0.5349,

1.2589,0.9948,0.7205,0.5075,1.2359,0.9422,0.6814,0.4878,

1.1997,0.8923,0.6425,0.4787,1.1540,0.8454,0.6042,0.4835,

1.1026,0.8016,0.5678,0.5053,1.0488,0.7603,0.5349,0.5453,

0.9948,0.7205,0.5075,0.6012,0.9422,0.6814,0.4878,0.6673,

0.8923,0.6425,0.4787,0.7369,0.8454,0.6042,0.4835,0.8037,

0.8016,0.5678,0.5053,0.8641,0.7603,0.5349,0.5453,0.9158,

0.7205,0.5075,0.6012,0.9580,0.6814,0.4878,0.6673,0.9904,

0.6425,0.4787,0.7369,1.0134,0.6042,0.4835,0.8037,1.0275,

0.5678,0.5053,0.8641,1.0340,0.5349,0.5453,0.9158,1.0342,

0.5075,0.6012,0.9580,1.0301,0.4878,0.6673,0.9904,1.0237,

0.4787,0.7369,1.0134,1.0176,0.4835,0.8037,1.0275,1.0147,

0.5053,0.8641,1.0340,1.0181,0.5453,0.9158,1.0342,1.0303,

0.6012,0.9580,1.0301,1.0522,0.6673,0.9904,1.0237,1.0823,

0.7369,1.0134,1.0176,1.1158,0.8037,1.0275,1.0147,1.1455,

0.8641,1.0340,1.0181,1.1646,0.9158,1.0342,1.0303,1.1698,

0.9580,1.0301,1.0522,1.1622,0.9904,1.0237,1.0823,1.1453,

1.0134,1.0176,1.1158,1.1230,1.0275,1.0147,1.1455,1.0991,

1.0340,1.0181,1.1646,1.0764};

/*利用输出文件中的数据对 fisMatrix 矩阵进行初始化*/

```
double fisMatrix[109][8]={
```

104. 0000,117. 0000,110. 0000,102. 0000,105. 0000,115. 0000,
　　0. 0000,0. 0000,

115. 0000,117. 0000,103. 0000,101. 0000,110. 0000,111. 0000,
　　0. 0000,0. 0000,

4. 0000,1. 0000,0. 0000,0. 0000,0. 0000,0. 0000,0. 0000,0. 0000,

2. 0000,2. 0000,2. 0000,2. 0000,0. 0000,0. 0000,0. 0000,0. 0000,

16. 0000,0. 0000,0. 0000,0. 0000,0. 0000,0. 0000,0. 0000,0. 0000,

16. 0000,0. 0000,0. 0000,0. 0000,0. 0000,0. 0000,0. 0000,0. 0000,

112. 0000,114. 0000,111. 0000,100. 0000,0. 0000,0. 0000,0. 0000,0. 0000,

109. 0000,97. 0000,120. 0000,0. 0000,0. 0000,0. 0000,0. 0000,0. 0000,

112. 0000,114. 0000,111. 0000,100. 0000,0. 0000,0. 0000,0. 0000,0. 0000,

109. 0000,97. 0000,120. 0000,0. 0000,0. 0000,0. 0000,0. 0000,0. 0000,

119. 0000,116. 0000,97. 0000,118. 0000,101. 0000,114. 0000,
　　0. 0000,0. 0000,

105. 0000,110. 0000,112. 0000,117. 0000,116. 0000,49. 0000,
　　0. 0000,0. 0000,

105. 0000,110. 0000,112. 0000,117. 0000,116. 0000,50. 0000,
　　0. 0000,0. 0000,

105. 0000,110. 0000,112. 0000,117. 0000,116. 0000,51. 0000,
　　0. 0000,0. 0000,

105. 0000,110. 0000,112. 0000,117. 0000,116. 0000,52. 0000,
　　0. 0000,0. 0000,

111. 0000,117. 0000,116. 0000,112. 0000,117. 0000,116. 0000,
　　0. 0000,0. 0000,

0. 4256,1. 3137,0. 0000,0. 0000,0. 0000,0. 0000,0. 0000,0. 0000,

0. 4256,1. 3137,0. 0000,0. 0000,0. 0000,0. 0000,0. 0000,0. 0000,

0. 4256,1. 3137,0. 0000,0. 0000,0. 0000,0. 0000,0. 0000,0. 0000,

0. 4256,1. 3137,0. 0000,0. 0000,0. 0000,0. 0000,0. 0000,0. 0000,

0. 4256, 1. 3137, 0. 0000, 0. 0000, 0. 0000, 0. 0000, 0. 0000, 0. 0000,

105. 0000, 110. 0000, 49. 0000, 109. 0000, 102. 0000, 49. 0000, 0. 0000, 0. 0000,

105. 0000, 110. 0000, 49. 0000, 109. 0000, 102. 0000, 50. 0000, 0. 0000, 0. 0000,

105. 0000, 110. 0000, 50. 0000, 109. 0000, 102. 0000, 49. 0000, 0. 0000, 0. 0000,

105. 0000, 110. 0000, 50. 0000, 109. 0000, 102. 0000, 50. 0000, 0. 0000, 0. 0000,

105. 0000, 110. 0000, 51. 0000, 109. 0000, 102. 0000, 49. 0000, 0. 0000, 0. 0000,

105. 0000, 110. 0000, 51. 0000, 109. 0000, 102. 0000, 50. 0000, 0. 0000, 0. 0000,

105. 0000, 110. 0000, 52. 0000, 109. 0000, 102. 0000, 49. 0000, 0. 0000, 0. 0000,

105. 0000, 110. 0000, 52. 0000, 109. 0000, 102. 0000, 50. 0000, 0. 0000, 0. 0000,

111. 0000, 117. 0000, 116. 0000, 49. 0000, 109. 0000, 102. 0000,

　49. 0000, 0. 0000,

111. 0000, 117. 0000, 116. 0000, 49. 0000, 109. 0000, 102. 0000,

　50. 0000, 0. 0000,

111. 0000, 117. 0000, 116. 0000, 49. 0000, 109. 0000, 102. 0000,

　51. 0000, 0. 0000,

111. 0000, 117. 0000, 116. 0000, 49. 0000, 109. 0000, 102. 0000,

　52. 0000, 0. 0000,

111. 0000, 117. 0000, 116. 0000, 49. 0000, 109. 0000, 102. 0000,

　53. 0000, 0. 0000,

111. 0000, 117. 0000, 116. 0000, 49. 0000, 109. 0000, 102. 0000,

　54. 0000, 0. 0000,

111. 0000, 117. 0000, 116. 0000, 49. 0000, 109. 0000, 102. 0000,

　55. 0000, 0. 0000,

111. 0000, 117. 0000, 116. 0000, 49. 0000, 109. 0000, 102. 0000,

　56. 0000, 0. 0000,

111. 0000, 117. 0000, 116. 0000, 49. 0000, 109. 0000, 102. 0000,

　57. 0000, 0. 0000,

111. 0000, 117. 0000, 116. 0000, 49. 0000, 109. 0000, 102. 0000,

　49. 0000, 48. 0000,

111. 0000, 117. 0000, 116. 0000, 49. 0000, 109. 0000, 102. 0000,

49. 0000, 49. 0000,

111. 0000, 117. 0000, 116. 0000, 49. 0000, 109. 0000, 102. 0000,

49. 0000, 50. 0000,

111. 0000, 117. 0000, 116. 0000, 49. 0000, 109. 0000, 102. 0000,

49. 0000, 51. 0000,

111. 0000, 117. 0000, 116. 0000, 49. 0000, 109. 0000, 102. 0000,

49. 0000, 52. 0000,

111. 0000, 117. 0000, 116. 0000, 49. 0000, 109. 0000, 102. 0000,

49. 0000, 53. 0000,

111. 0000, 117. 0000, 116. 0000, 49. 0000, 109. 0000, 102. 0000,

49. 0000, 54. 0000,

103. 0000, 97. 0000, 117. 0000, 115. 0000, 115. 0000, 109. 0000,

102. 0000, 0. 0000,

103. 0000, 97. 0000, 117. 0000, 115. 0000, 115. 0000, 109. 0000,

102. 0000, 0. 0000,

103. 0000, 97. 0000, 117. 0000, 115. 0000, 115. 0000, 109. 0000,

102. 0000, 0. 0000,

103. 0000, 97. 0000, 117. 0000, 115. 0000, 115. 0000, 109. 0000,

102. 0000, 0. 0000,

103. 0000, 97. 0000, 117. 0000, 115. 0000, 115. 0000, 109. 0000,

102. 0000, 0. 0000,

103. 0000, 97. 0000, 117. 0000, 115. 0000, 115. 0000, 109. 0000,

102. 0000, 0. 0000,

103. 0000, 97. 0000, 117. 0000, 115. 0000, 115. 0000, 109. 0000,

102. 0000, 0. 0000,

108. 0000, 105. 0000, 110. 0000, 101. 0000, 97. 0000, 114. 0000,

0. 0000,0. 0000,

108. 0000,105. 0000,110. 0000,101. 0000,97. 0000,114. 0000,

0. 0000,0. 0000,

108. 0000,105. 0000,110. 0000,101. 0000,97. 0000,114. 0000,

0. 0000,0. 0000,

108. 0000,105. 0000,110. 0000,101. 0000,97. 0000,114. 0000,

0. 0000,0. 0000,

108. 0000,105. 0000,110. 0000,101. 0000,97. 0000,114. 0000,

0. 0000,0. 0000,

108. 0000,105. 0000,110. 0000,101. 0000,97. 0000,114. 0000,

0. 0000,0. 0000,

108. 0000,105. 0000,110. 0000,101. 0000,97. 0000,114. 0000,

0. 0000,0. 0000,

108. 0000,105. 0000,110. 0000,101. 0000,97. 0000,114. 0000,

0. 0000,0. 0000,

108. 0000,105. 0000,110. 0000,101. 0000,97. 0000,114. 0000,

0. 0000,0. 0000,

108. 0000,105. 0000,110. 0000,101. 0000,97. 0000,114. 0000,

0. 0000,0. 0000,

108. 0000,105. 0000,110. 0000,101. 0000,97. 0000,114. 0000,

0. 0000,0. 0000,

108. 0000,105. 0000,110. 0000,101. 0000,97. 0000,114. 0000,

0. 0000,0. 0000,

108. 0000,105. 0000,110. 0000,101. 0000,97. 0000,114. 0000,

0. 0000,0. 0000,

108. 0000,105. 0000,110. 0000,101. 0000,97. 0000,114. 0000,

0. 0000,0. 0000,

108. 0000,105. 0000,110. 0000,101. 0000,97. 0000,114. 0000,

0. 0000,0. 0000,

0. 3208,0. 4402,0. 0000,0. 0000,0. 0000,0. 0000,0. 0000,0. 0000,

0. 2067,1. 4231,0. 0000,0. 0000,0. 0000,0. 0000,0. 0000,0. 0000,

0. 4087,0. 4351,0. 0000,0. 0000,0. 0000,0. 0000,0. 0000,0. 0000,

0. 2359,1. 3216,0. 0000,0. 0000,0. 0000,0. 0000,0. 0000,0. 0000,

0. 3540,0. 5010,0. 0000,0. 0000,0. 0000,0. 0000,0. 0000,0. 0000,

0. 2299,1. 4835,0. 0000,0. 0000,0. 0000,0. 0000,0. 0000,0. 0000,

0. 3036,0. 4513,0. 0000,0. 0000,0. 0000,0. 0000,0. 0000,0. 0000,

0. 1802,1. 4518,0. 0000,0. 0000,0. 0000,0. 0000,0. 0000,0. 0000,

0. 2166,0. 6813,−0. 0618,0. 6064,−0. 0177,0. 0000,0. 0000,0. 0000,

0. 1765,0. 5636,−0. 5240,1. 1766,−0. 1668,0. 0000,0. 0000,0. 0000,

0. 7941,0. 6897,−0. 0291,1. 8639,−1. 5791,0. 0000,0. 0000,0. 0000,

−0. 1949,1. 1900,−2. 3872,1. 7485,0. 9546,0. 0000,0. 0000,0. 0000,

−0. 4578,−0. 3908,1. 1525,−1. 2643,1. 7158,0. 0000,0. 0000,0. 0000,

2. 2946,−2. 3462,3. 4938,−5. 6002,4. 2945,0. 0000,0. 0000,0. 0000,

0. 3039,0. 3758,1. 8931,0. 6082,−2. 6442,0. 0000,0. 0000,0. 0000,

−0. 7363,−1. 5042,−1. 2055,1. 9935,2. 1802,0. 0000,0. 0000,0. 0000,

−0. 5791,−0. 6173,0. 9954,−0. 3518,1. 6026,0. 0000,0. 0000,0. 0000,

1. 6732,−0. 2147,−4. 8223,1. 8432,1. 5149,0. 0000,0. 0000,0. 0000,

0. 2914,0. 1786,−1. 7313,0. 9741,1. 4802,0. 0000,0. 0000,0. 0000,

1. 2385,−0. 5257,0. 1159,0. 7091,0. 2311,0. 0000,0. 0000,0. 0000,

−0. 0958,−0. 2545,0. 2371,0. 1037,0. 4955,0. 0000,0. 0000,0. 0000,

4. 1153,−4. 4143,1. 2461,−0. 6072,−0. 6448,0. 0000,0. 0000,0. 0000,

0. 5076,−0. 4118,−0. 4308,0. 7720,0. 2739,0. 0000,0. 0000,0. 0000,

−0. 5584,1. 4563,−1. 0053,2. 3231,−1. 6193,0. 0000,0. 0000,0. 0000,

1. 0000,1. 0000,1. 0000,1. 0000,1. 0000,1. 0000,1. 0000,0. 0000,

1. 0000,1. 0000,1. 0000,2. 0000,2. 0000,1. 0000,1. 0000,0. 0000,

1. 0000,1. 0000,2. 0000,1. 0000,3. 0000,1. 0000,1. 0000,0. 0000,

```
1.0000,1.0000,2.0000,2.0000,4.0000,1.0000,1.0000,0.0000,
1.0000,2.0000,1.0000,1.0000,5.0000,1.0000,1.0000,0.0000,
1.0000,2.0000,1.0000,2.0000,6.0000,1.0000,1.0000,0.0000,
1.0000,2.0000,2.0000,1.0000,7.0000,1.0000,1.0000,0.0000,
1.0000,2.0000,2.0000,2.0000,8.0000,1.0000,1.0000,0.0000,
2.0000,1.0000,1.0000,1.0000,9.0000,1.0000,1.0000,0.0000,
2.0000,1.0000,1.0000,2.0000,10.0000,1.0000,1.0000,0.0000,
2.0000,1.0000,2.0000,1.0000,11.0000,1.0000,1.0000,0.0000,
2.0000,1.0000,2.0000,2.0000,12.0000,1.0000,1.0000,0.0000,
2.0000,2.0000,1.0000,1.0000,13.0000,1.0000,1.0000,0.0000,
2.0000,2.0000,1.0000,2.0000,14.0000,1.0000,1.0000,0.0000,
2.0000,2.0000,2.0000,1.0000,15.0000,1.0000,1.0000,0.0000,
2.0000,2.0000,2.0000,2.0000,16.0000,1.0000,1.0000,0.0000};
......

main()
{
    fis=(FIS *)fisCalloc(1,sizeof(FIS));
    fisBuildFisNode(fis,fis_col_n,MF_POINT_N);
    /*检查输入数据*/
    if(data_col_n <fis->in_n){
        PRINTF("Given FIS is a %d-input %d-output system.\n",
            fis->in_n,fis->out_n);
        PRINTF("Given data file does not have enough input
            entries.\n");
        fisFreeMatrix((void **)fisMatrix,fis_row_n);
        fisFreeFisNode(fis);
        fisError("Exiting...");
    }
    if(debug)
```

```
        fisPrintData(fis);
    /*产生输出矩阵 */
    outputMatrix=(DOUBLE **)fisCreateMatrix(data_row_n,
        fis->out_n,sizeof(DOUBLE));
    /*对每一个输出向量,计算模糊推理系统输出值 */
    #pragma MUST_ITERATE(1)
    for(i=0;i<data_row_n;i++)
        getFisOutput(&datam[i][0],fis,outputMatrix[i]);
    PRINTF("output of fuzzy inference system:\n");
    /*打印输出向量 */
    #pragma MUST_ITERATE(1)
    for(i=0;i<data_row_n;i++){
    #pragma MUST_ITERATE(1)
        for(j=0;j<fis->out_n;j++)
            PRINTF("%.12f ",outputMatrix[i][j]);
        PRINTF("\n");
    }


for(i=0;i<data_row_n;i++)
{
outdata[i]=outputMatrix[i][0];
//计算 DSP 的输出与 MATLAB 输出的差
difdata[i]=outputMatrix[i][0]-redata[i];
}
/*清空内存*/
fisFreeFisNode(fis);
exit(0);
}
……
```

在 DSP 中运行该程序,使用 DSP 仿真器在 CCS 中观察到的预测时间序列号 124～223 的输出结果如图 6.6 所示。

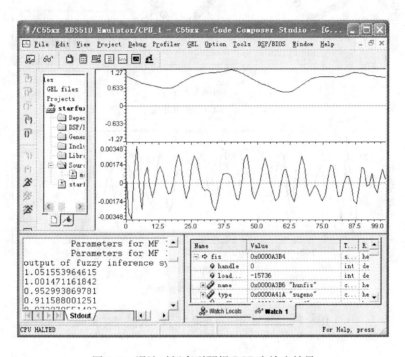

图 6.6　混沌时间序列预报 DSP 中输出结果

这里使用了时域双曲线图来显示 DSP 中的计算结果。其中上部曲线为经过推理计算实际输出的预测值,下部曲线为预测值和 mgdata.dat 中真实值的误差曲线。双曲线图的属性 display type 设置为 Dual Time,上下曲线的 start address 分别设置为保存输出和误差的数组名,display buffer size 和 display data size 都设为 100,DSP data type 设为 32 位 IEEE 浮点。在 stdout 窗口显示了系统的输出值。

图 6.7 为 MATLAB 中系统输出结果。图 6.7(a)为预测值曲线,图 6.7(b)为预测误差曲线,圆形标志代表真实值。图中曲线走势和圆形标志吻合,说明预测基本正确。表 6.3 为 MATALB 中和 DSP 中的时间序列预测结果[128]。

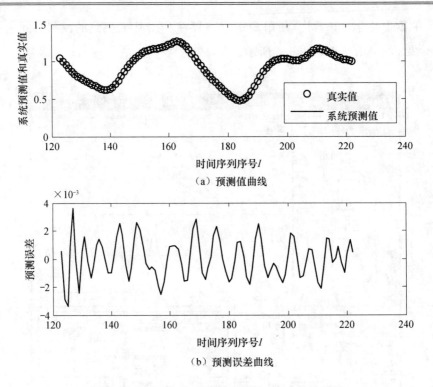

（a）预测值曲线

（b）预测误差曲线

图 6.7 混沌时间序列预报 MATLAB 中输出结果

表 6.3 MATLAB 和 DSP 中的预测结果

时间序列序号 I	真实值	预测值		预测误差	
		MATLAB	DSP	MATLAB	DSP
123	1.0510	1.0516	1.051554	0.0006	0.000554
125	0.9564	0.9530	0.952994	−0.0034	−0.003406
136	0.6526	0.6541	0.654167	0.0014	0.001567
145	0.8663	0.8659	0.865982	−0.0004	−0.000318
159	1.2022	1.2021	1.202076	−0.0000	−0.000124
167	1.1540	1.1541	1.154046	0.0001	0.000046
186	0.5053	0.5040	0.504101	−0.0013	−0.001199
222	1.0022	1.0026	1.002582	0.0004	0.000382

从图 6.6、图 6.7 和表 6.3 可知，DSP 中的输出与 MATLAB 中的输出一致，都成功地对混沌时间序列进行了预测，系统在 DSP 上成功地实现。

6.3　代码优化

　　DSP 中代码的优化分为代码长度上的优化和代码执行速度上的优化两种,代码长度上的优化和代码执行速度的优化往往互相制约。在实际的应用中,尤其在对实时性要求比较高的控制过程中,算法速度的提高对整个系统性能的提高有较大的影响,而模糊系统和 ANFIS 算法所占空间较小,因此这里主要讨论在代码执行速度上的优化方法。

　　利用 CCS 中的优化器可以对代码进行优化[134,135],优化的等级由低到高分为寄存器级、本地级、函数级和文件级四个等级,可以在编译器选项中用-on(n=0,1,2,3)指定,也可通过 CCS 中的菜单 Project—Build Options 在 opt level 中选择。这些等级中上一级包含下一级的优化内容,文件级优化包含去除所有未被调用函数、用内联函数代替小函数等最多的优化内容。除此以外,还可以在编译器选项中用-pm 指定程序级的优化,这时所有的源文件被编译成一个模块进行更进一步的优化。除了利用优化器外,还可以针对程序和硬件的特点进行更细的优化。由于 DSP 的硬件循环要求循环至少被执行一次,对于执行次数可能为 0 的循环需要额外增加判断代码,所以在已知至少执行一次的循环前用预处理指令♯pragma MUST_ITERATE(1)可以减少判断、提高速度。用 onchip 关键字修饰公共操作数以确保其分配在片上存储器上,可以充分地使用 C55x 的双乘法累加器。为了在编译后得到高效的循环体代码,尽可能地避免循环体内的函数调用,减小循环体代码长度,从而可以用本地循环(localrepeat)代替块循环(blockrepeat)。

　　使用本地循环的优点[137]是,在循环结构中的指令被取入指令缓冲队列后就不再刷新指令缓冲队列,而直接使用指令缓冲队列中已经取好的指令反复执行,直到循环结束,从而避免了取指和译码带来的延迟,大大提高了流水线执行的效率。由于硬件循环计数器只有 16 位,用作循环体计数的变量最好采用 int 或 unsigned int 类型。

　　在本研究中采用文件级优化,并综合上述其他优化方法对代码进行优化,以计算小费问题的模糊系统为例,优化器的设置如图 6.8 所示。

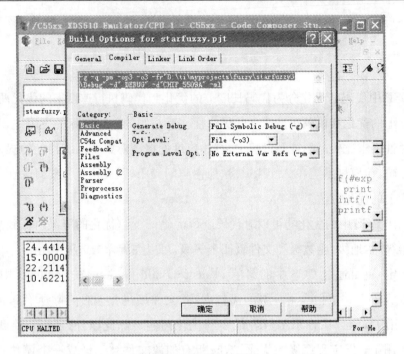

图 6.8　优化器的设置

又如在 main 函数中需要循环调用 getFisOutput 函数求出每个输入系统对应的输出,而已知系统输入数据的个数肯定大于 1 个,即该循环至少执行一次,则优化后的循环代码编写为

```
……
#pragma MUST_ITERATE(1)          %下面的循环至少执行 1 次,可
                                 %直接用硬件循环
    for(i=0;i<data_row_n;i++)     %循环体变量 i 采用 int 型
        getFisOutput(&datam[i][0],fis,outputMatrix[i]);
……
```

优化前后代码的运行结果比较如图 6.9 所示[133]。利用 CCS 的 profiler 统计代码的执行性能,其中上、下窗口分别是未优化代码和优化后代码的执行性能统计,其中 Code Size 为被统计目标段的代码长度,Inc. Total 为执行此代码段所占用的所有指令周期数,包括执行此代码中所有被调用子函数的指令周期数。从图 6.9 中可以看出,优化后代码长度从 465B 减少到 405B,略有减少,而占用的总指

令周期数从 3949678 减少到 3053936,执行时间减少了约四分之一,代码速度得到了大幅提升,说明算法的优化是很有效的。

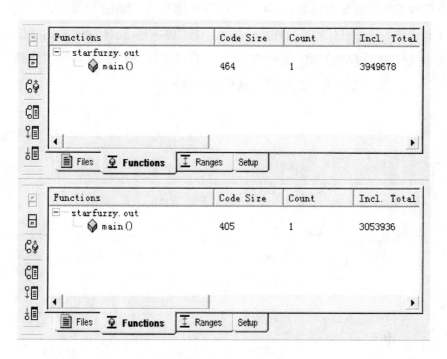

图 6.9　优化前后运行结果比较

如果对代码执行速度有更苛刻的要求,可以对代码进一步做汇编级的优化。在本研究中所用的 TMS320VC5509A 运行在 200MHz 下,指令周期为 5ns,则计算小费问题的程序在 DSP 中的执行时间约为 0.0153s,计算小费问题在 MAT-LAB 中的执行时间如图 6.4 所示,若计入读取 FIS 文件的时间总的执行时间为 1.1520s,不计入则执行时间为 0.4710s,对比可知在 DSP 中的执行时间要小得多,说明系统在 DSP 中实现后实时性的确得到了有效提高。

6.4　本 章 小 结

本章提出了一种便捷的模糊系统在 DSP 上的实现方法,可以将在 MATLAB 中完成设计和验证的模糊系统迅速移植到 DSP 上。讨论了 ANFIS 在 DSP 上的实现方法,并成功地将用于混沌时间序列预报的 ANFIS 在 TMS320VC5509A 上实现。

以最快执行速度为目标,综合运用 CCS 优化器、预处理指令等多种方法针对程序和硬件的特点对代码进行优化。计算小费的模糊系统在 DSP 上的移植和优化实例表明,本章提出的模糊系统在 DSP 上的实现方法方便有效,经过代码优化后执行时间大幅减少,移植后的系统具有更好的实时性。

第 7 章　模糊系统和 ANFIS 在空间光学中的应用

7.1　ANFIS 在空间相机最佳焦面位置预测中的应用

对地观测的空间相机通常工作在接近真空、高度基本不变的圆轨道上,而其环境温度随着相对于太阳和其他天体位置的变化而变化。当环境温度变化时,结构件的变形导致光学元件间距的变化,光学元件透过率变化和面形扭曲引起像差,从而导致焦距和像质的变化[138,139]。目前空间相机多使用主动热控措施以将其温度控制在理想的水平,然而当外界环境剧烈变化,而整星分配给相机主动热控的功耗有限时,也只能通过热控措施保证相机的温度波动在一定范围之内。像质、像面位置和环境温度之间呈复杂的非线性关系,通常在轨调焦依据人们对地面热光学实验结果的分析和经验进行,具有很大的主观性且效率较低。

ANFIS 具有很强的非线性映射能力和自学习能力,可以用于非线性函数逼近。在本研究中将第 5 章提出的使用比例共轭梯度法改进后的 ANFIS 用于逼近像质、像面位置和环境温度之间的复杂非线性关系。通常用奈奎斯特空间频率下的调制传递函数(modulation transfer function,MTF)评价像质,用调焦编码器值指示像面位置。在用热光学实验数据对 ANFIS 进行训练后,输入环境温度可以输出取得最高 MTF 的调焦编码器值,从而实现空间相机最佳焦面位置的预测。

空间相机在奈奎斯特空间频率下的调制传递函数 MTF_n 和调焦编码器值 C_i、环境温度 T_m 的关系可以用式(7.1)表示:

$$MTF_n = F(C_i, T_m) \tag{7.1}$$

调焦编码器安装在调焦机构上,记录当前的像面位置,而安装在相机各个部位的热敏电阻测量相机的环境温度水平。本研究中使用调焦编码器值 C_i 和环境

温度 T_m 作为 ANFIS 的输入,MTF$_n$ 作为 ANFIS 的输出,通过热光学实验获取不同环境温度 T_m 和调焦编码器值C_i 下的 MTF$_n$ 作为系统训练的样本数据。图 7.1 为热光学实验原理图[140],遥控遥测系统发送调焦指令使调焦编码器值 C_i 变化,空间环境模拟器模拟在轨真空环境,并控制环境温度 T_m 变化,数传快视系统获取 CCD 图像并计算 MTF$_n$,积分球光源、分划板和平行光管配合产生奈奎斯特空间频率 f_n。

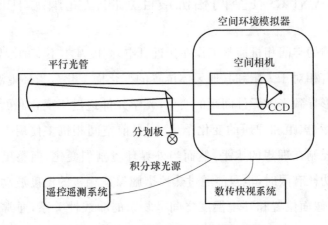

图 7.1　热光学实验原理图

图 7.2 为分划板结构,它由黑板、白板、黑条和白条组成。奈奎斯特空间频率 f_n 由 CCD 的像元大小决定,由式(7.2)计算:

$$f_n = \frac{1}{2a} \tag{7.2}$$

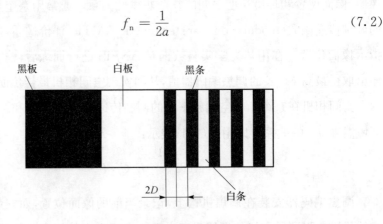

图 7.2　分划板结构

其中,a 为像元大小。假设黑条和白条的宽度都为 D,平行光管的焦距为 f_p,空间相机的焦距为 f_s,则 D 可以由式(7.3)计算得到:

$$D = \frac{f_p a}{f_s} = \frac{f_p}{2 f_s f_n} \tag{7.3}$$

图 7.3 为数传快视系统采集到的图像,假设白板灰度为 I_{wb},黑板灰度为 I_{bb},白条灰度为 I_{ws},黑条灰度为 I_{bs},则 MTF_n 可以由式(7.4)计算得到[141]:

$$MTF_n = \frac{\pi}{4} \cdot \frac{I_{ws} - I_{bs}}{I_{ws} + I_{bs}} \cdot \frac{I_{wb} + I_{bb}}{I_{wb} - I_{bb}} \tag{7.4}$$

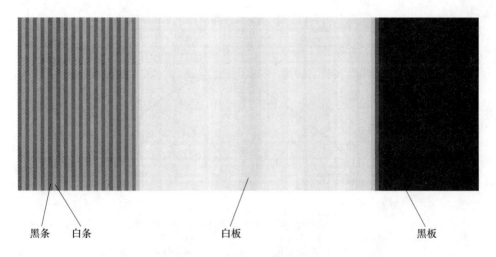

黑条　白条　　　　　　　　　　白板　　　　　　　　　黑板

图 7.3　数传快视系统采集到的图像

在热光学实验中,保持空间环境模拟器的真空度小于 100Pa,通过调整空间环境模拟器中的热沉温度来改变空间相机的环境温度。依次在 22.7℃、21.3℃、18.4℃和 15.4℃四种温度水平下,发送调焦指令在调焦电机和机构的作用下对焦面位置进行调整,此时调焦编码器值 C_i 跟随焦面位置而变化。在不同的焦面位置测量奈奎斯特空间频率下的调制传递函数 MTF_n,从而得到不同调焦编码器值 C_i 和不同环境温度 T_m 下的调制传递函数 MTF_n。图 7.4～图 7.7 分别为环境温度 22.7℃、21.3℃、18.4℃和 15.4℃下传函随编码器位置的变化曲线[141]。从图中可以看出,在不同的温度水平取得最大 MTF_n 的调焦编码器值 C_i 不同,即不同的温度水平下最佳焦面的位置不同。

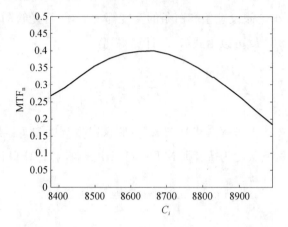

图 7.4　22.7℃时传递函数随编码器值变化曲线

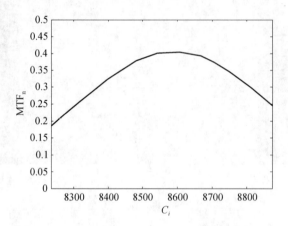

图 7.5　21.3℃时传递函数随编码器值变化曲线

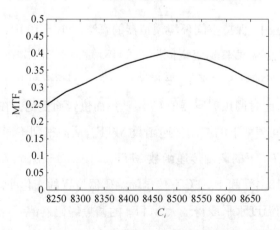

图 7.6　18.4℃时传递函数随编码器值变化曲线

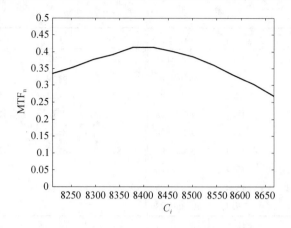

图 7.7　15.4℃时传递函数随编码器值变化曲线

表 7.1 为用于 ANFIS 系统训练的热光学实验数据。图 7.8 为 ANFIS 训练误差曲线，设定最大训练次数 500 次，目标训练误差 0.001，采用高斯型隶属度函数，隶属度函数个数 $N_m = 7$。

表 7.1　用于系统训练的热光学实验数据

序号	C_i	$T_m/℃$	MTF_n	序号	C_i	$T_m/℃$	MTF_n
1	8375	22.7	0.26636	19	8316	21.3	0.258153
2	8417	22.7	0.290981	20	8397	21.3	0.323064
3	8457	22.7	0.32381	21	8481	21.3	0.378276
4	8498	22.7	0.353654	22	8543	21.3	0.401405
5	8541	22.7	0.376784	23	8606	21.3	0.40439
6	8580	22.7	0.391706	24	8666	21.3	0.393944
7	8623	22.7	0.396929	25	8668	21.3	0.393198
8	8665	22.7	0.398421	26	8706	21.3	0.374545
9	8705	22.7	0.390214	27	8748	21.3	0.347686
10	8747	22.7	0.372307	28	8811	21.3	0.299935
11	8787	22.7	0.348432	29	8873	21.3	0.246215
12	8827	22.7	0.322318	30	8230	18.4	0.247707
13	8830	22.7	0.322318	31	8271	18.4	0.285759
14	8866	22.7	0.292474	32	8313	18.4	0.312619
15	8907	22.7	0.258153	33	8355	18.4	0.343209
16	8948	22.7	0.221594	34	8395	18.4	0.367084
17	8991	22.7	0.182796	35	8437	18.4	0.385737
18	8233	21.3	0.186527	36	8479	18.4	0.399167

续表

序号	C_i	$T_m/℃$	MTF_n	序号	C_i	$T_m/℃$	MTF_n
37	8519	18.4	0.393198	46	8502	15.4	0.384991
38	8561	18.4	0.379768	47	8460	15.4	0.399167
39	8603	18.4	0.355893	48	8419	15.4	0.411851
40	8643	18.4	0.325302	49	8378	15.4	0.411851
41	8686	18.4	0.297696	50	8335	15.4	0.390214
42	8667	15.4	0.268598	51	8296	15.4	0.376784
43	8626	15.4	0.302173	52	8254	15.4	0.353654
44	8584	15.4	0.330525	53	8211	15.4	0.335002
45	8544	15.4	0.359623				

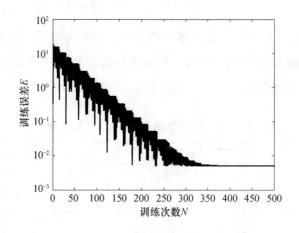

图 7.8　ANFIS 训练误差曲线

　　在验证实验中对训练后的系统进行验证,调整空间环境模拟器使空间相机的环境温度 $T_m=22.2℃$,利用训练后的 ANFIS 计算得到不同编码器位置 C_i 对应的传函预测值 MTF_n^f。然后通过调焦指令对焦面进行调整,采集到图像后利用式 (7.4) 计算得到传函实测值 MTF_n^r。图 7.9 为 22.2℃ 时不同编码器位置预测值和实测值的对比曲线。表 7.2 为预测结果与实测结果的对比[141]。

　　从图 7.9 可以看出,传函预测值随编码器值变化曲线和传函实测值随编码器值变化曲线趋势一致。而从表 7.2 可以看出,传函预测值 MTF_n^f 和传函实测值 MTF_n^r 误差绝对值<0.02。根据预测结果,在编码器位置 $C_i=8624$ 时取得 MTF_n^f 的最大值 0.419695527,即最佳焦面位置位于编码值 $C_i=8624$ 处。而根据实测

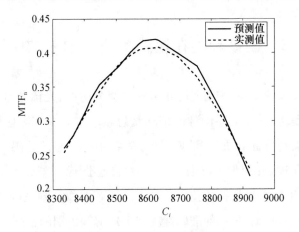

图 7.9 22.2℃时传递函数预测值和实测值随编码器值变化曲线

结果,在编码器位置 $C_i=8624$ 时取得 MTF_n^r 的最大值 0.409374013,说明 ANFIS 预测的最佳焦面位置和实测的结果是一致的。验证实验的结果说明利用 ANFIS 实现空间相机最佳焦面位置的预测是可行的。

表 7.2 预测结果与实测结果的对比

编码器值 C_i	预测 MTF_n^r	实测 MTF_n^r
8336	0.259962367	0.253676125
8365	0.278482005	0.279043738
8405	0.315355728	0.311126306
8420	0.331239851	0.319333475
8447	0.353081581	0.343208875
8482	0.368789199	0.365592063
8509	0.380123044	0.382752506
8544	0.400332642	0.396182419
8571	0.413434686	0.404389588
8584	0.417242963	0.405881800
8624	0.419695527	0.409374013
8633	0.418459023	0.408120119
8695	0.399072486	0.393944100
8756	0.380228875	0.364099850
8839	0.308670579	0.301426925
8923	0.218834463	0.229054619

7.2　模糊聚类在遥感图像分割中的应用

随着遥感技术的发展,空间遥感相机的空间分辨率、光谱分辨率、覆盖宽度和量化位数不断提高,导致遥感图像的信息量急剧增加。在实际应用中,人们往往对遥感图像中某些目标如机场、油库、航母等特别感兴趣。遥感图像分割就是根据遥感图像的灰度、几何形状、颜色等特性将遥感图像分割成若干具有独立性质的区域,并提取出感兴趣目标的技术和过程。遥感图像分割是进一步对遥感图像进行理解和识别的基础,分割的准确性决定了理解和识别的精度。

图像分割使用集合概念比较正式的定义为[142]:令集合 R 代表整个图像区域,对 R 的分割可以看作将 R 分成若干个满足以下五个条件的非空子集(子区域)R_1,R_2,$\cdots$,R_n,$P(R_i)$ 是子集 R_i 中元素的特性。

(1) $\bigcup\limits_{i=1}^{n} R_i = R$;

(2) 对所有的 i 和 j,$i \neq j$,$R_i \bigcap R_j = \varnothing$;

(3) 对 $i \neq j$,$P(R_i \bigcup R_j) = \text{FALSE}$;

(4) 对 $i = 1, 2, \cdots, n$,$P(R_i) = \text{TRUE}$;

(5) 对 $i = 1, 2, \cdots, n$,R_i 是连通的区域。

其中,$P(R_i)$ 是对所有在集合 R_i 中元素的逻辑谓词;$\varnothing$ 是空集。

从以上五个条件可以看出,图像的分割以子集的独特特性为依据,子集内部的元素特性相同,不同子集特性各异,图像中每一个像素都只能被分割到某一个子集中,各个子集中的元素共同组成了整幅图像,而每个子集本身是一个连通的区域。因此在图像的分割中,需要适用整幅图像,能区分不同子集特征的分割准则和方法。

目前常用的图像分割算法可以分为基于边缘检测的方法、基于区域的方法、基于阈值的方法和基于聚类的方法[143~146]。基于边缘检测的方法检测到图像中的边缘点后,以某种策略连接成轮廓,从而形成分割区域。边缘点通过图像一阶导数的极值或二阶导数的过零点来判断,而实际上图像的求导利用差分近似微分来完成,通过边缘检测算子如 Robert 算子、Sobel 算子和 Prewitt 算子等进行卷积运算,计算出每个像素位置的灰度变化率。缺点是受噪声、光照不均等因素的影响较严重,获得的边缘点有可能是不连续的。

基于区域的方法利用图像中的区域的连续性,通过区域生长或区域分裂合并的方法等将类似的像素连通构成分割区域,可以克服其他方法图像分割空间不连续的缺点,对含有复杂场景等先验知识不足的图像分割,也可以取得较好的性能。但通常会造成空间的过度分割,且计算量大。

基于阈值的方法根据像素灰度值是否大于阈值区分该像素点是背景还是目标,它计算简单,可以压缩数据,简化后续的分析和处理,但没有或很少考虑空间关系,使多阈值选择受到限制[147]。聚类即为将研究对象按他们的某些特征进行分类,因此基于聚类的方法显然也可以用于图像的分割。对于简单分明的图像,每个像素对各类的归属关系明晰,使用 K 均值聚类等算法即可取得较好效果。对于遥感图像,由于分辨率的限制,常常存在一个像元对应多个地物类型的情况,即存在混合像元。且遥感图像中的地物类型丰富多样,存在较大的不确定性。对于这种图像采用模糊聚类算法可以完成遥感信息较准确的提取与分析。图 7.10(见文后彩图)为某航空遥感相机获取的长春地区水库 RGB 谱段合成彩色图像。本

图 7.10　水库 RGB 谱段合成彩色图像

书采用模糊 C 均值聚类(FCM)算法对该图像进行分割,由于在遥感图像分割时往往对要分割成水体、森林、绿地等分割个数比较明确,即对聚类中心的个数是明确的,因此在图像分割时采用标准 FCM 算法来进行。

　　由于遥感图像可能为灰度图像,也可能为由多个谱段合成的彩色图像,灰度图像和彩色图像的图像分割方法不同。采用 FCM 算法对灰度图像进行分割的 MATLAB 语言代码如下:

```
function StarFuzzyCluster()
clustern=4;   %聚类中心个数
%读取遥感图像
Imgtocluster=imread('shuiku.jpg');
Imgtocluster=Imgtocluster(:,:,1);
I=im2double(Imgtocluster);
imgsize=size(I);
figure;
%显示红谱段图像
imshow(I,[]);
data=I(:);
[center,U,obj_fcn]=fcm(data,clustern);
maxU=max(U);
for i-1:clustern
star_index=find(U(i,:)==maxU);
FcmImg(1:length(data))=0;   %其他类显示为黑色
FcmImg(star_index)=1;         %该类在图像中显示为白色
Imgclustered=reshape(FcmImg,imgsize(1),imgsize(2));
figure
imshow(Imgclustered,[]);
end
```

图 7.11 为水库红谱段灰度图像,图 7.12~图 7.15 为采用 FCM 算法对图 7.11

图 7.11 水库红谱段灰度图像

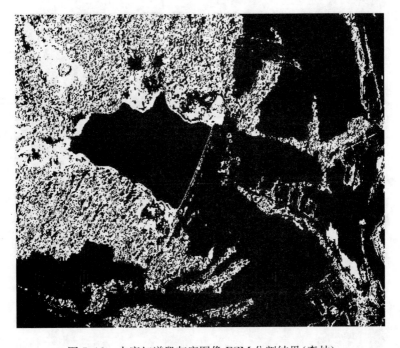

图 7.12 水库红谱段灰度图像 FCM 分割结果（森林）

图 7.13   水库红谱段灰度图像 FCM 分割结果（裸地与人工建筑）

图 7.14   水库红谱段灰度图像 FCM 分割结果（水体）

图 7.15　水库红谱段灰度图像 FCM 分割结果(绿地)

进行分割的结果,图像被分割为四部分,依次为森林、裸地与人工建筑、水体和绿地。标准 FCM 算法应用于图像分割时的一个缺点是缺乏空间信息,因此不少学者提出了聚类中包含空间信息的空间模糊聚类算法[148,149]。学者 Li 等提出了一种模糊水平集合(fuzzy level set,FLS)分割算法,该算法利用带空间约束的 FCM 算法来确定感兴趣区域的大致轮廓,完成水平分割算法的初始化和参数配置,成功地应用于医学图像的分割[150]。

　　这里采用 FLS 分割算法对图 7.11 进行分割,图 7.16~图 7.19 为采用 FLS 算法对图 7.11 进行分割的结果,依次为森林、裸地与人工建筑、水体和绿地。对比图 7.12、图 7.16 和图 7.11 可以看出,采用标准 FCM 分割算法时,水体周围的部分绿地被分割为森林。而采用 FLS 算法进行分割时,大部分水体周围的绿地都得到了基本正确的分割。

　　从前面的分析可知,采用 FLS 算法对水库红谱段灰度图像进行分割的结果要好于标准 FCM 算法的分割结果。然而 FLS 算法主要适用于对灰度图像的分割,

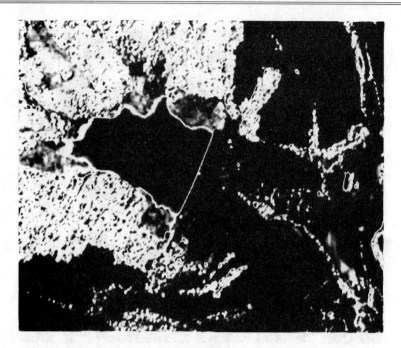

图 7.16　水库红谱段灰度图像 FLS 分割结果(森林)

图 7.17　水库红谱段灰度图像 FLS 分割结果(裸地和人工建筑)

图 7.18　水库红谱段灰度图像 FLS 分割结果(水体)

图 7.19　水库红谱段灰度图像 FLS 分割结果(绿地)

随着遥感技术的发展,为了识别更多的地物属性,遥感图像越来越多为由多个谱段合成的彩色图像。和灰度图像相比,彩色图像包含了更多可用于图像分割的信息,充分利用这些信息可以实现比灰度图像更准确的分割。本书采用标准 FCM 算法对彩色图像进行分割,采用 FCM 算法对彩色图像进行分割的 MATLAB 语言代码如下:

```
function StarFuzzyClusterColor()
clustern=4;   %聚类中心个数
%读取彩色遥感图像
Imgtocluster=imread('shuiku.jpg');
I=im2double(Imgtocluster);
imgsize=size(I)
figure;
%显示彩色图像
imshow(I,[]);
data=zeros(imgsize(1)*imgsize(2),imgsize(3));
FcmImg=zeros(imgsize(1)*imgsize(2),imgsize(3));
%将彩色图像数据转换为聚类数据
for i=1:imgsize(1)
    for j=1:imgsize(2)
    data(((i-1)*imgsize(2)+j),:)=I(i,j,:);
    end
end
%调用聚类函数
[center,U,obj_fcn]=fcm(data,clustern);
maxU=max(U);
for k=1:clustern
Imgclustered=zeros(imgsize(1),imgsize(2),imgsize(3));
star_index=find(U(k,:)==maxU);
%其他类显示为白色
```

```
FcmImg(1:(imgsize(1)*imgsize(2)),:)=1;
```

%该类显示为原始彩色

```
FcmImg(star_index,:)=data(star_index,:);
for i=1:imgsize(1)
    for j=1:imgsize(2)
    Imgclustered(i,j,:)=FcmImg(((i-1)*imgsize(2)+j),:);
    end
end
figure;
```

%显示分割后的该类图像

```
imshow(Imgclustered,[]);
end
```

图 7.20～图 7.23(见文后彩图)为采用 FCM 彩色图像分割算法对图 7.10 进

图 7.20　水库彩色图像 FCM 分割结果(森林)

图 7.21　水库彩色图像 FCM 分割结果（裸地和人工建筑）

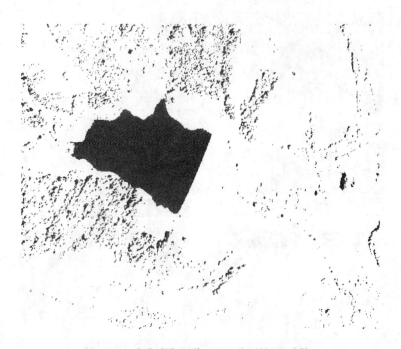

图 7.22　水库彩色图像 FCM 分割结果（水体）

图 7.23 水库彩色图像 FCM 分割结果(绿地)

行分割的结果,依次为森林、裸地与人工建筑、水体和绿地。和灰度图像的分割不同,其他类显示为白色,该类显示为原始彩色。

   对比图 7.12~图 7.23 可以看出,采用 FCM 彩色图像分割算法时,大部分水体周围的绿地都得到了基本正确的分割,效果和 FLS 算法对水库红谱段灰度图像进行分割的结果类似。说明虽然采用 FLS 算法对水库红谱段灰度图像进行分割的结果好于 FCM 灰度图像分割算法的分割结果,当采用 FCM 彩色图像分割算法对彩色遥感图像进行分割时,可以取得和 FLS 算法类似的效果。

   图 7.24(见文后彩图)为某航空遥感相机获取的长春地区机场 RGB 谱段合成彩色图像,采用 FCM 彩色图像分割算法对图 7.24 进行分割。图 7.25~图 7.27(见文后彩图)为分割结果,依次为绿地、机场、民居等其他人工建筑。从图中可以看出,机场和绿地等不同种类地物得到了很好的分割,说明 FCM 彩色图像分割算法应用于遥感图像分割效果良好。

图 7.24　机场 RGB 谱段合成彩色图像

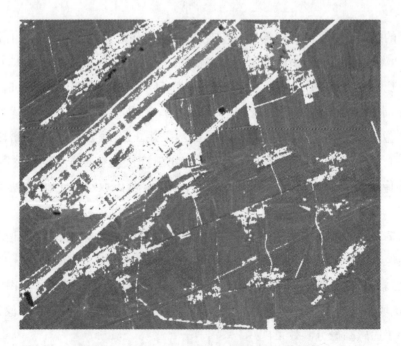

图 7.25　机场彩色图像 FCM 分割结果(绿地)

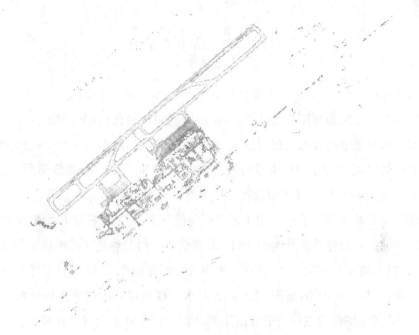

图 7.26　机场彩色图像 FCM 分割结果(机场)

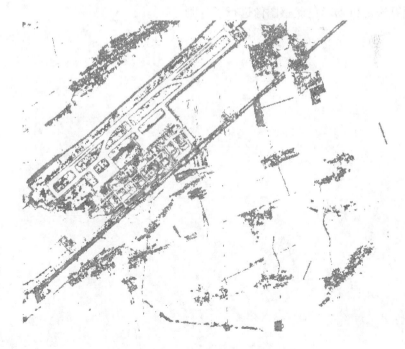

图 7.27　机场彩色图像 FCM 分割结果(民居等其他人工建筑)

7.3　本 章 小 结

　　本章提出了利用 ANFIS 的非线性映射能力和自学习能力,逼近像质、像面位置和环境温度之间的复杂非线性关系,实现空间相机最佳焦面位置的预测。介绍了空间相机热光学实验的原理,利用热光学实验获取的数据对 ANFIS 进行训练。验证实验结果表明,ANFIS 预测的最佳焦面位置和实测的结果是相同的,利用ANFIS 实现空间相机最佳焦面位置的预测是可行的。

　　将模糊 C 均值聚类算法应用于遥感图像的分割,给出了模糊 C 均值聚类算法灰度图像分割和彩色图像分割 MATLAB 源代码。对长春地区水库遥感图像依次采用 FCM 灰度图像分割算法、模糊水平集合分割算法和 FCM 彩色图像分割算法进行分割,分割结果表明,采用 FLS 算法对水库红谱段灰度图像进行分割的结果好于 FCM 灰度图像分割算法的分割结果,当采用 FCM 彩色图像分割算法对彩色遥感图像进行分割时,可以取得和 FLS 算法类似的效果。最后使用 FCM 彩色图像分割算法对机场彩色遥感图像进行了分割。

参 考 文 献

[1] Zadeh L A. Fuzzy sets. Information and Control,1965,8(3):338−353.

[2] Mamdani E H. Application of fuzzy algorithms for control of a simple dynamic plant. Proceedings of the Institution of Electrical Engineers,1974,121(12):1585−1588.

[3] 黄军辉,傅沈文.模糊控制理论的发展和应用.中国科技信息,2006,12:303−306.

[4] 李士勇.模糊控制.神经控制和智能控制论.哈尔滨:哈尔滨工业大学出版社,1998:23,24.

[5] 窦振中.模糊逻辑技术是 21 世纪的核心技术.计算机应用研究,1996,4:8−12.

[6] 郭庆祝,孟维明,宋扬,等.模糊控制技术发展现状及研究热点.自动化博览,2005,22(4):68−70.

[7] 丛爽.面向 MATLAB 工具箱的神经网络理论与应用.合肥:中国科学技术大学出版社,1998:4−6.

[8] Hopfield J J. Neural networks and physical systems with emergent collective computational abilities. Proceeding of the National Academy of Science,1982,79(2):2554−2558.

[9] Hopfield J J. Neurons with graded response have collective computational properties like those of two-state neutons. Proceeding of the National Academy of Science USA,1984,81:3088−3092.

[10] 陈婷,罗景青.一种基于神经网络技术的雷达信号模糊模式识别方法.航天电子对抗,2006,22(1):55−57.

[11] Ferreira A A,Ludermir T B. Comparing neural network architecture for pattern recognize system on artificial noses. Lecture Notes in Computer Science,2005,3696:635−640.

[12] 王鹏,艾剑良,高明.基于神经网络的模型参考自修复飞行控制.火力与指挥控制,2006,31(8):8−10.

[13] 彭传彪,王莉.导弹电源系统故障诊断的神经网络方法.弹箭与制导学报,2006,3:372−374.

[14] Pajchrowski T,Urbanski K,Zawirski K. Artificial neural network based robust speed control of permanent magnet synchronous motors. The International Journal for Computation and Mathematics in Electrical and Electronic Engineering,2006,25(1):220−234.

[15] 梁艳春.计算智能与力学反问题中的若干问题.力学进展,2000,30(3):327−330.

[16] Gupta M M, Rao D H. On the principles of fuzzy neural networks. Fuzzy Sets and Systems, 1994, 68(1): 1—8.

[17] 张凯, 钱锋, 刘漫丹. 模糊神经网络技术综述. 信息与控制, 2003, 32(5): 432—431.

[18] Wang L, Mendel J. Fuzzy basis functions, approximation and orthogonal least squares learning. IEEE Transaction on Neural Networks, 1992, 3(5): 807—814.

[19] Kosko B. Fuzzy systems as universal approximators. IEEE Transaction on Neural Network, 1994, 43(11): 1329—1333.

[20] 李少远, 席裕庚. 智能控制的新进展. 控制与决策, 2000, 15(2): 136—139.

[21] Takagi H. Fusion technology of fuzzy theory and neural networks-survey and future directions. Proceeding of International Conference on Fuzzy Logic and Neural Networks, Iizuka, 1990: 13—26.

[22] Carpenter G A. Fuzzy ART: Fast stable learning and categorization of analog pattern by an adaptive resonance system. Neural Networks, 1991, 4(5): 759—771.

[23] Pal S K, Mitra S. Multilayer perception, fuzzy sets and classification. IEEE Transaction on Neural Networks, 1992, 3(5): 698—713.

[24] Jou C C. A fuzzy cerebella model articulation controller. Proceeding of IEEE International Conference on Fuzzy Sets, San Deigo, 1992: 1171—1178.

[25] Pedrcy W, Rocha A F. Fuzzy-set based models of neurons and knowledge-based networks. IEEE Transaction on Fuzzy System, 1993, 1(4): 254—266.

[26] Simpson P K. Fuzzy min-max neural networks-Part 1: Classification. IEEE Transaction on Neural Networks, 1992, 3(5): 776—786.

[27] 王岭, 焦李成. 区间估计的 FWNN 及其区间学习算法. 电子学报, 1998, 26(4): 41—45.

[28] 张志华, 史罡, 郑南宁, 等. 模糊对向传播神经网络及其应用. 自动化学报, 2000, 26(1): 56—60.

[29] Nauck D. Neuro-fuzzy systems: Review and prospects. Proceeding of the 5th Europe Congress on Intelligent Techniques and Soft Computing, Auchen, 1997: 1044—1053.

[30] Jang R J S. ANFIS: Adaptive network-based fuzzy inference systems. IEEE Transaction on System, Man and Cybernetics, 1993, 23(3): 665—685.

[31] Takagi H, Hayashi I. NN-driven fuzzy reasoning. International Journal of Approximate Reasoning, 1991, 5(3): 191—212.

[32] Kosko B. Neural Networks and Fuzzy Systems: A Dynamical Systems Approach to Ma-

chine Intelligence. NJ:Prentice Hall Incorporated,1992:480—485.

[33] Berenji H R. A reinforcement learning-based architecture for fuzzy logic control. International Journal of Approximate Reasoning,1992,6(2):267—292.

[34] Nauck D,Kruse R. A neural fuzzy controller learning by fuzzy error propagation. Proceeding Workshop of the North American Fuzzy Information Processing Society,Pverto Vallarta,1992:388—397.

[35] Sulzberger S. FUN:Optimization of fuzzy rule based systems using neural networks. Proceeding of IEEE International Conference on Neural Networks,San Francisco,1993:312—316.

[36] 邢松寅,王士同. 基于 Pi-Sigma 神经网络的高木-关野模糊系统用于数据关联计算的建模. 电子科学学刊,1999,21(1):72—77.

[37] 闻新,宋屹,周露. 模糊系统和神经网络的融合技术. 系统工程与电子技术,1999,21(5):55—58.

[38] 戴敏. DSP 发展应用纵横谈. 中国科技信息,2002,18:23,24.

[39] http://baike.eccn.com/baike/index.php? doc-view-1253.

[40] 付莹贞,赵剡,杨威. 基于 DSP 的 DGPS 导航定位系统的设计与实现. 电子技术应用,2006,32(3):64—66.

[41] 张燕,荆武兴. 一种利用双 DSP 实现卫星 SEMOI 自主导航方法. 哈尔滨工业大学学报,2006,38(3):367—369.

[42] 代少升,张跃,刘文煌. 基于 DSP 的红外实时成像系统的研制. 光电技术应用,2006,27(4):496—498.

[43] 郑晓峰,方凯,黄迎华. 一种基于 DSP 和 FPGA 的多轴运动控制卡的设计. 自动化与仪器仪表,2006,4:18—20.

[44] 武星星,刘金国,孔德柱,等. 基于混合编程的空间相机控制器自检方法研究. 光学精密工程,2008,9:1635—1641.

[45] 张辉,胡广书. DSP 的特点、发展趋势和应用. 电子产品世界,2004,5:35—37.

[46] 张智星,孙春再,水谷英二. 神经-模糊和软计算. 西安:西安交通大学出版社,2000:33—63.

[47] Lotfi A Z,Berkeley C. Fuzzy Logic Toolbox for Use with MATLAB User's Guide. MA:The MathWorks Incorporated,2005:4—126.

[48] 李国勇. 智能控制及其 MATLAB 实现. 北京:电子工业出版社,2005:195—225.

[49] 曹承志. 微型计算机控制新技术. 北京:机械工业出版社,2001:204—212.

[50] 王士同. 模糊系统、模糊神经网络及应用程序设计. 上海:上海科技文献出版社,1998:25—30.

[51] 吴晓莉,林哲辉. MATLAB 辅助模糊系统设计. 西安:西安电子科技大学出版社,2002:14—110.

[52] 张乃尧,阎平凡. 神经网络与模糊控制. 北京:清华大学出版社,1998:5—8.

[53] 袁曾任. 人工神经元网络及其应用. 北京:清华大学出版社,1999:30—48.

[54] Jang R J S, Sun C T. Neuro-fuzzy modeling and control. Proceedings of the IEEE,1995, 83(3):378—406.

[55] 闻新,周露,王丹力,等. MATLAB 神经网络设计. 北京:科学出版社,2001:244—246

[56] Jang R J S, Sun C T. Functional equivalence between radial basis function networks and fuzzy inference systems. IEEE Transactions on Neural Networks,1993,4(1):156—159.

[57] Demuth H,Beale M,Hagan M. Neural Network Toolbox for Use with MATLAB User's Guide. 4th edn. MA:The MathWorks Incorporated,2005:5-14—5-74.

[58] Hagan M T,Demuth H,Beale M H. Neural Network Design. Boston:PWS Publishing, 1996:12-1—12-30.

[59] Riedmiller M,Braun H. A direct adaptive method for faster backpropagation learning:The RPROP algorithm. Proceedings of the IEEE International Conference on Neural Networks,San Francisco,1993:586—591.

[60] 刘盛松,侯志俭,蒋传文. 基于混沌优化和 BFGS 方法的最优潮流算法. 电力系统自动化, 2002,26(10):13—16.

[61] Hagan M T,Menhaj M. Training feed forward networks with the Marquardt algorithm. IEEE Transactions on Neural Networks,1994,5(6):989—993.

[62] Fletche R,Reeves C M. Function minimization by conjugate gradients. Computer Journal, 1964,7:149—154.

[63] Powell M J D. Restart procedures for the conjugate gradient method. Mathematical Programming,1977,12:241—254.

[64] Moller M F. A scaled conjugate gradient algorithm for fast supervised learning. Neural Networks,1993,6(4):525—533.

[65] 邵峰晶,于忠清. 数据挖掘原理与算法. 北京:中国水利水电出版社,2003:199,200.

[66] Pierre H,Eric N,Bernard K. Analysis of global k-means,an incremental heuristic for min-

imum sum-of-squares clustering. Journal of Classification,2005,22(2):287—310.

[67]　Sheng W G,Liu X H. A genetic k-medoids clustering algorithm. Journal of Heuristics, 2006,12(6):447—466.

[68]　邵峰晶,张斌,于忠清. 多阈值 BIRCH 聚类算法及其应用. 计算机工程与应用,2004, 40(12):174—176.

[69]　魏桂英,郑玄轩. 层次聚类方法的 CURE 算法研究. 科技和产业,2005,5(11):22—24.

[70]　喻云峰,聂承启. 聚类分析中 Chameleon 算法的分析与实现. 计算机与现代化,2006,9:1—5.

[71]　谭勇,荣秋生. 一个基于 DBSCAN 聚类算法的实现. 计算机工程,2004,30(13): 119—121.

[72]　陈燕俐,洪龙,金达文,等. 一种简单有效的基于密度的聚类分析算法. 南京邮电学院学 报,2005,25(4):24—29.

[73]　淦文燕,李德毅. 基于核密度估计的层次聚类算法. 系统仿真学报,2004,16(2): 302—309.

[74]　周晓云,孙志挥,张柏礼. 一种大规模高维数据集的高效聚类算法. 应用科学学报,2006, 24(4):396—400.

[75]　陈佐,谢赤,陈晖. 基于小波聚类方法的股票收益率序列时间模式挖掘. 系统工程,2005, 23(11):102—107.

[76]　王士同,修宇. 基于模型的基因表达聚类分析技术研究进展. 江南大学学报(自然科学 版),2006,5(3):374—378.

[77]　李相镐,李洪兴,陈世权,等. 模糊聚类分析及其应用. 贵州:贵州科技出版社,1994:1—10.

[78]　Ruspini E H. A new approach to Clustering. Information and Control,1969,15:22—32.

[79]　Dunn J C. A fuzzy relative of the ISODATA process and its use in detecting compact well separated cluster. J Cybernet,1974,3:32—57.

[80]　Bezdek J C. Pattern recognition with fuzzy objective function algorithms. NewYork:Ple- numPress,1981:95—107.

[81]　高新波,谢维信. 模糊聚类理论发展及应用的研究进展. 科学通报,1999,44(21): 2241—2250.

[82]　苏旭武,杨光友,周国柱. 模糊数学在模式识别中应用方法的比较. 湖北工业大学学报, 2005,20(4):17—19.

[83]　刘华军,任明武,杨静宇. 一种改进的基于模糊聚类的图像分割方法. 中国图象图形学报, 2006,11(9):1312—1316.

[84]　翟艺书,柳晓鸣.基于小波变换和模糊 c-均值聚类的图像边缘检测.大连海事大学学报,
　　　2005,31(4):83—86.

[85]　袁静,冯前进,陈武凡.基于模糊聚类优化的分形图像压缩快速算法.计算机应用与软件.
　　　2005,22(5):13—15.

[86]　刘霞,刘锐宽,赵恭华,等.慢性乙型肝炎肝纤维化程度的模糊聚类分析.辽宁工程技术大
　　　学学报(自然科学版),2003,22(6):853,854.

[87]　赵力,邹采荣,吴镇扬.基于分段模糊聚类算法的 VQ-HMM 语音识别模型参数估计.电
　　　路与系统学报,2002,7(3):66—69.

[88]　刘大刚,李志华.大风风力预报准确率的统计特征分析.大连海事大学学报,2003,19(4):
　　　47—49.

[89]　张智星,孙春在,水谷英二.神经模糊和软计算.西安:西安交通大学出版社,2000:
　　　303—310.

[90]　Krishnaiah P R,Kanal L N. Classification, pattern recognition, and reduction of dimen-
　　　sionality. Handbook of Statistics,North-Holland,Amsterdam,1982.

[91]　 Akhoul J,Roucos S,Gish H. Vector quantization in speech coding. Proceedings of the
　　　IEEE,1985,73(11):1551—1588.

[92]　陈功,张雄伟,邓玉良.基于 HMM 与 K-均值聚类的声目标识别.弹箭与制导学报,2006,
　　　26(2):144—147.

[93]　Yager R R,Fielv D P. Approximate clustering via the mountain method. IEEE Transati-
　　　ons on Systems,Man and Cybernetics,1994,24:1279—1284.

[94]　Yager R R,Fielv D P. Essentials of Fuzzy Modeling and Control. New York:John Wiley
　　　& Sons,1994.

[95]　Chiu S L. Fuzzy model identification based on cluster estimation. Journal of Intelligent and
　　　Fuzzy Systems,1994,2(3):68—72.

[96]　冯衍秋,陈武凡,梁斌,等.基于 Gibbs 随机场与模糊 C 均值聚类的图像分割新算法.电子
　　　学报,2004,32(4):645—647.

[97]　刘健庄,谢维信.高效的彩色图象塔型模糊聚类分割方法.西安电子科技大学学报,1993,
　　　20(1):40—45.

[98]　刘守生,于盛林,丁勇.基于进化 FCM 算法的故障诊断方法.系统工程与电子技术,2004,
　　　26(9):1287—1290.

[99]　Meulik. Genetic algorithm-based clustering technique. Pattern Recognition,2000,33(9):

1455—1465.

[100] 侯彩虹,崔运花,余润仙,等.基于模糊聚类分析的织物质量分级方法.东华大学学报(自然科学版),2005,31(1):54—58.

[101] 蔡卫菊,张颖超.基于核的模糊聚类算法.计算机工程与应用,2006,18:173—175.

[102] 肖云,韩崇昭,王选宏,等.基于核的自组织映射聚类.西安交通大学学报,39(12):1307—1310.

[103] Fisher R. The use of muliple measurements in taxcmcmaic problems. Annals of Eugenics,Part Ⅱ,1936,7:179—188.

[104] Sugeno M,Yasukawa T. A fuzzy-logic-based approach to qualitative modeling. IEEE Transactions on Fuzzy Systems,1993,1(1):7—31.

[105] Chiu S. Fuzzy model identification based on cluster estimation. Journal of Intelligent and Fuzzy Systems,1994,2(3):267—278.

[106] Hadjili M L,Wertz V. Takagi-Sugeno fuzzy modeling incorporating input variables selection. IEEE Transactions on Fuzzy Systems,2002,10(6):728—742.

[107] 李林峰,孙长银.基于模糊聚类方法的 T-S 模糊系统建模.三峡大学学报(自然科学版),28(2):147—150.

[108] 肖建,白裔峰,于龙.模糊系统结构辨识综述.西南交通大学学报,2006,41(2):135—142.

[109] 朱喜林,武星星,李晓梅.基于改进型模糊聚类的模糊系统建模新方法.控制与决策,2007,22(1):77—79.

[110] 王辉,肖建,严殊.关于模糊系统辨识近年来的研究与发展.信息与控制,2004,33(4):445—450.

[111] 刘克显.软测量及智能控制技术在复杂工业过程参数检测与控制中的应用研究.沈阳:东北大学博士学位论文,2001:34—37.

[112] Uncu O,Turksen I B. A novel fuzzy system modeling approach:multi-dimensional structure identification and inference// IEEE International Conference on Fuzzy Systems. Melbourre:IEEE Press,2001:557—561.

[113] 祖家奎,赵淳生,戴冠中.基于聚类算法的模糊逻辑结构与系统性能分析.南京航空航天大学学报,2004,36(1):16—21.

[114] 乔立山,王玉兰,曾锦光.实验数据处理中曲线拟合方法探讨.成都理工大学学报(自然科学版),2004,31(1):91—95.

[115] 石振东,刘国庆.实验数据处理与曲线拟合技术.哈尔滨:哈尔滨船舶工程学院出版社, 1991:34.

[116] MathWorks. Curve Fitting Toolbox for Use with MATLAB. Natick: The MathWorks Incorporated,2005:3−15.

[117] Thomas F C,Liu J,Uan W. A new trust-region algorithm for equality constrained optimization. Computational Optimization and Applications,2002,21(2):177−199.

[118] Moré J J,Sorensen D C. Computing a trust region step. SIAM Journal on Scientific and Statistical Computing,1983,3:553−572.

[119] Byrd R H,Schnabel R B,Shultz G A. Approximate solution of the trust region problem by minimization over two-dimensional subspaces. Mathematical Programming,1988,40: 247−263.

[120] Steihaug T. The Conjugate gradient method and trust regions in large scale optimization. SIAM Journal on Numerical Analysis,1983,20:626−637.

[121] 武星星,朱喜林,李晓梅.基于混合输入型模糊系统的机械加工参数优化.中国机械工程,2007,18(3):273−276.

[122] Abdennour A. Short-term MPEG-4 video traffic prediction using ANFIS. International Journal of Network Management,2005,15(6):377−392.

[123] Hui H,Song F J,Widjaja J. ANFIS-based fingerprint-matching algorithm. Optical Engineering,2004,43(8):1814−1818.

[124] Lee K C,Gardner P. Adaptive neuro-fuzzy inference system(ANFIS)digital predistorter for RF power amplifier linearization. IEEE Transactions on Vehicular Technology,2006, 55(1):43−51.

[125] 武星星,朱喜林,杨会肖.自适应神经模糊推理系统改进算法在机械加工参数优化中的应用.机械工程学报,2008,1:199−204.

[126] 何强,何英.MATLAB扩展编程.北京:清华大学出版社,2002:175−180.

[127] Falas T. Implementing temporal-difference learning with the scaled conjugate gradient algorithm. Neural Processing Letters,2005,22(3):361−375.

[128] Wu X X, Zhu X L, Li X M. Realization of an improved adaptive neuro-fuzzy inference system in DSP. ISNN2007,Lecture Notes in Computer Science,2007:4492.

[129] 张俊芳.基于 DSP 的闭环经济型数控机床数控系统设计.组合机床与自动化加工技术, 2006,8:61−66.

[130] 张平川,郑冬强.基于 DSP 的经济型车床的多功能化数控改造,微计算机信息,2006,22 (14):167,168.

[131] Texas Instruments. TMS320C55x Technical Overview. Houston: Texas Instruments, 2000:2.

[132] Texas Instruments. Introduction to TI DSP Solutions. Houston: Texas Instruments, 2003:17.

[133] 武星星,朱喜林,李晓梅.模糊推理系统在 DSP 上的实现和优化.微计算机信息,2007, 3:177—179.

[134] Texas Instruments. TMS320C55x DSP Programmer's Guide. Houston: Texas Instruments,2001:3-1—4-50.

[135] Texas Instruments. TMS320C55x Optimizing C/C++Compiler User's Guide. Houston:Texas Instruments,2001:3-1—5-33.

[136] Texas Instruments. TMS320VC5509 to TMS320VC5509A Migration. Houston: Texas Instruments,2004:9.

[137] 梁俊,王玲.TMS320C55x 的指令流水线及其效率的提高.单片机与嵌入式系统应用, 2003,1:73—75.

[138] 李泽学,吴清文,高明辉,等.超光谱成像仪指向反射镜热光学特性分析.红外与激光工程,2008,S1:196—201.

[139] 王红,韩昌元.温度对航天相机光学系统影响的研究.光学技术,2003,29(4):451—457.

[140] 武星星,刘金国.基于改进型 BP 算法的空间相机自动调焦研究.红外与激光工程, 2009,S1:177—180.

[141] 武星星,刘金国.空间相机最佳焦面位置 ANFIS 预测.仪器仪表学报,2011,S2:165—169.

[142] 章毓晋.图像工程(中册)-图像分析.北京:清华大学出版社,2000:74,75.

[143] 王彤.基于形态学的彩色图像分割算法研究.长春:吉林大学硕士学位论文,2006:5—7.

[144] 王鹤智.内蒙古乌兰布和沙漠遥感影像图像分割技术研究.哈尔滨:东北林业大学硕士学位论文,2009:22,23.

[145] 韩思奇,王蕾.图像分割的阈值法综述.系统工程与电子技术,2002,24(6):91—94.

[146] 王适,蒋璐璐,王宝成,等.改进的模糊 C 均值聚类遥感图像分割方法.计算机应用, 2010,30(增刊2):54—59.

[147] 刘立.遥感图像分割算法研究与实现.秦皇岛:燕山大学硕士学位论文,2008:9—16.

[148]　Chuang K S, Hzeng H L, Chen S, et al. Fuzzy *c*-means clustering with spatial information for image segmentation. Computerized Medical Imaging and Graphics, 2006, 30:9—15.

[149]　Cai W, Chen S, Zhang D. Fast and robust fuzzy *c*-means clustering algorithms incorporating local information for image segmentation. Pattern Recognation, 2007, 40:825—838.

[150]　Li B N, Chui C K, Chang S, et al. Integrating spatial fuzzy clustering with level set methods for automated medical image segmentation. Computers in Biology and Medicine, 2011, 41(1):1—10.

附录 IRIS 数据集

序号	花种	萼长	萼宽	瓣长	瓣宽	序号	花种	萼长	萼宽	瓣长	瓣宽
1	1	51	35	14	2	36	1	50	32	12	2
2	1	49	30	14	2	37	1	55	35	13	2
3	1	47	32	13	2	38	1	49	36	14	1
4	1	46	31	15	2	39	1	44	30	13	2
5	1	50	36	14	2	40	1	51	34	15	2
6	1	54	39	17	4	41	1	50	35	13	3
7	1	46	34	14	3	42	1	45	23	13	3
8	1	50	34	15	2	43	1	44	32	13	2
9	1	44	29	14	2	44	1	50	35	16	6
10	1	49	31	15	1	45	1	51	38	19	4
11	1	54	37	15	2	46	1	48	30	14	3
12	1	48	34	16	2	47	1	51	38	16	2
13	1	48	30	14	1	48	1	46	32	14	2
14	1	43	30	11	1	49	1	53	37	15	2
15	1	58	40	12	2	50	1	50	33	14	2
16	1	57	44	15	4	51	2	70	32	47	14
17	1	54	39	13	4	52	2	64	32	45	15
18	1	51	35	14	3	53	2	69	31	49	15
19	1	57	38	17	3	54	2	55	23	40	13
20	1	51	38	15	3	55	2	65	28	46	15
21	1	54	34	17	2	56	2	57	28	45	13
22	1	51	37	15	4	57	2	63	33	47	16
23	1	46	36	10	2	58	2	49	24	33	10
24	1	51	33	17	5	59	2	66	29	46	13
25	1	48	34	19	2	60	2	52	27	39	14
26	1	50	30	16	2	61	2	50	20	35	10
27	1	50	34	16	4	62	2	59	30	42	15
28	1	52	35	15	2	63	2	60	22	40	10
29	1	52	34	14	2	64	2	61	29	47	14
30	1	47	32	16	2	65	2	56	29	36	13
31	1	48	31	16	2	66	2	67	31	44	14
32	1	54	34	15	4	67	2	56	30	45	15
33	1	52	41	15	1	68	2	58	27	41	10
34	1	55	42	14	2	69	2	62	22	45	15
35	1	49	31	15	2	70	2	56	25	39	11

续表

序号	花种	萼长	萼宽	瓣长	瓣宽	序号	花种	萼长	萼宽	瓣长	瓣宽
71	2	59	32	48	18	111	3	65	32	51	20
72	2	61	28	40	13	112	3	64	27	53	19
73	2	63	25	49	15	113	3	68	30	55	21
74	2	61	28	47	12	114	3	57	25	50	20
75	2	64	29	43	13	115	3	58	28	51	24
76	2	66	30	44	14	116	3	64	32	53	23
77	2	68	28	48	14	117	3	65	30	55	18
78	2	67	30	50	17	118	3	77	38	67	22
79	2	60	29	45	15	119	3	77	26	69	23
80	2	57	26	35	10	120	3	60	22	50	15
81	2	55	24	38	11	121	3	69	32	57	23
82	2	55	24	37	10	122	3	56	28	49	20
83	2	58	27	39	12	123	3	77	28	67	20
84	2	60	27	51	16	124	3	63	27	49	18
85	2	54	30	45	15	125	3	67	33	57	21
86	2	60	34	45	16	126	3	72	32	60	18
87	2	67	31	47	15	127	3	62	28	48	18
88	2	63	23	44	13	128	3	61	30	49	18
89	2	56	30	41	13	129	3	64	28	56	21
90	2	55	25	40	13	130	3	72	30	58	16
91	2	55	26	44	12	131	3	74	28	61	19
92	2	61	30	46	14	132	3	79	38	64	20
93	2	58	26	40	12	133	3	64	28	56	22
94	2	50	23	33	10	134	3	63	28	51	15
95	2	56	27	42	13	135	3	61	26	56	14
96	2	57	30	42	12	136	3	77	30	61	23
97	2	57	29	42	13	137	3	63	34	56	24
98	2	62	29	43	13	138	3	64	31	55	18
99	2	51	25	30	11	139	3	60	30	48	18
100	2	57	28	41	13	140	3	69	31	54	21
101	3	63	33	60	25	141	3	67	31	56	24
102	3	58	27	51	19	142	3	69	31	51	23
103	3	71	30	59	21	143	3	58	27	51	19
104	3	63	29	56	18	144	3	68	32	59	23
105	3	65	30	58	22	145	3	67	33	57	25
106	3	76	30	66	21	146	3	67	30	52	23
107	3	49	25	45	17	147	3	63	25	50	19
108	3	73	29	63	18	148	3	65	30	52	20
109	3	67	25	58	18	149	3	62	34	54	23
110	3	72	36	61	25	150	3	59	30	51	18

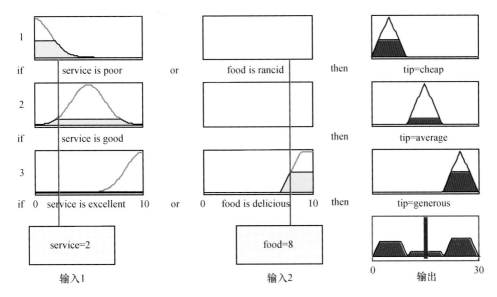

图 4.2　输入都为精确量的模糊系统推理过程

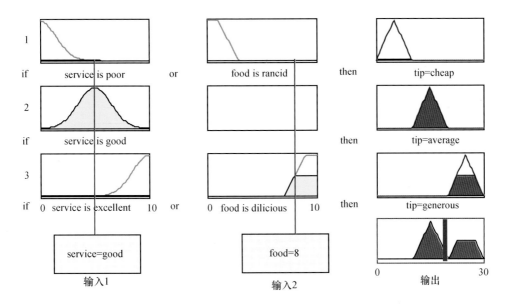

图 4.3　混合输入型模糊系统推理过程

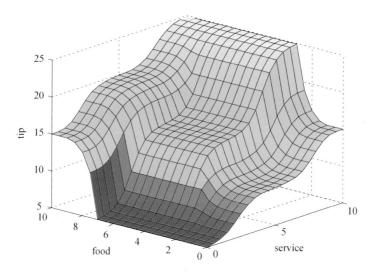

图 4.6　Mamdani 型模糊系统输入输出特性曲面

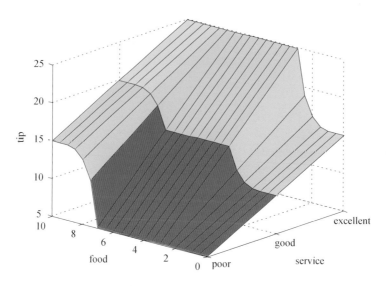

图 4.7　混合输入型模糊系统输入输出特性曲面

图 7.10　水库 RGB 谱段合成彩色图像

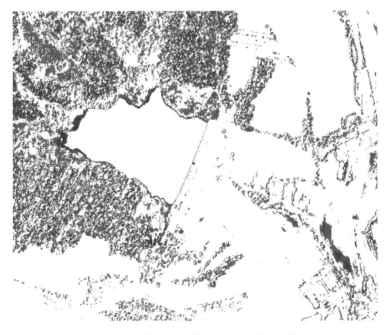

图 7.20　水库彩色图像 FCM 分割结果(森林)

图 7.21 水库彩色图像 FCM 分割结果（裸地和人工建筑）

图 7.22 水库彩色图像 FCM 分割结果（水体）

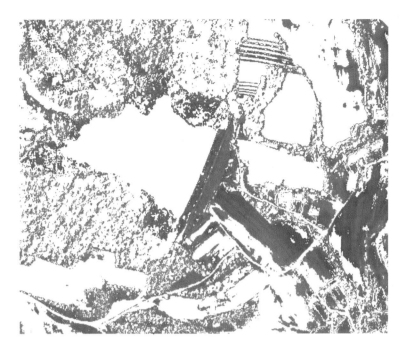

图 7.23 水库彩色图像 FCM 分割结果(绿地)

图 7.24 机场 RGB 谱段合成彩色图像

图 7.25　机场彩色图像 FCM 分割结果(绿地)

图 7.26　机场彩色图像 FCM 分割结果(机场)

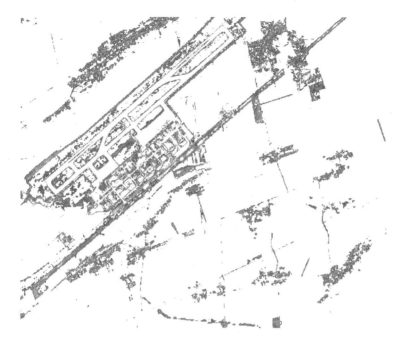

图 7.27　机场彩色图像 FCM 分割结果(民居等其他人工建筑)